職業、企業内診断士

アサヒビールグループ診断士の会の挑戦

アサヒビールグループ診断士の会【編著】

同友館

はじめに――「社員の成長」と「会社の成長」

「社員の成長なしに、会社の成長なし」。これは、四十年に及ぶ会社勤めの中で、私が常に肝に銘じてきたことです。

今、企業を取り巻く環境は激変しています。そこには、グローバル化、業界内における再編、そして何よりもお客様の変化があります。

アサヒビールグループでは、二〇一〇年度からＡｓａｈｉブランドのステートメントを、「その感動を、わかちあう。」としています。お客様はもちろんのこと、社員を含めたすべてのステークホルダーと「感動をわかちあう」ことを意味したものです。

「感動をわかちあう」ためには、まず社員自らが感動できるよう、感性を高めなければなりません。社員自らが感動できる商品やサービスをお客様に提供することで、市場やお客様の感動を呼び、結果として「感動をわかちあう」ことができます。その主役を担うのが社員一人ひとりであり、まさに「企業は人なり」と言われる所以なのです。

環境変化の激しい昨今では、今日の感動が明日も続くとは限りません。むしろ、明日は今日以上の感動を求められています。「今日の満足は、明日の不満足」と言っても過言ではないでしょう。

では、どうすればよいのでしょうか。企業はお客様の変化の先を読み、感動レベルを引き上げ続けなければいけません。そのために社員は成長しなくてはなりませんし、そのための学習を怠らないことが必要です。

学習と言っても、机にかじりついて勉強することだけではありません。関連する書籍を読む、その道のプロに会って話を聞く、仲間と意見交換をする、さらには街を歩きながら考えることも、学習方法の一つでしょう。やり方は、人それぞれで構わないと思います。

私もこの四十年間、多くの書籍を読み、さまざまな分野の方と会い、メモをとり、常にそれを見直しながら、学習を続けてきました。今でも新たな発見に刺激を受け、生涯学習の大切さを実感しています。

「アサヒビールグループ診断士の会」の取組みは、そんな社員たちの活動の一事例です。「中小企業診断士資格」という共通項を持つ集団が、自身の成長と会社への貢献のために自ら考え、行動しています。グループ内とは言え、会社や所属部門、年齢を超えた集まりである点に、アサヒビールグループらしい風通しのよさが表れています。

社員がのびのびと働き、生きがいを感じられる—そんないきいきとした職場風土をつくることが、経営者である私の使命だと思っています。職場は、人間を鍛える道場のようなものなのです。

本書をご覧になれば、アサヒビールグループの社風を実感していただけると確信しています。もちろん、会社や職場を舞台にした社員たちの活動がベースですので、決して突飛な内容ではありません。しかし、「前向きな社員が数名集まれば、小さなことであってもこのような感動に結びつく」という事例がたくさん詰まっています。まずは、社員自らが小さな感動を経験することが重要で、その積み重ねが、お客様をはじめとする多くの方々の感動につながるものと考えます。

本書が、中小企業診断士のみならず、多くの社会人や社会人予備軍の方々にとって、前向きに一歩を踏み出す助けとなれば幸いです。社員が行動を起こし、企業が活力にあふれ、そして日本がもっと元気になることを切に願います。

二〇一〇年七月

アサヒビール株式会社代表取締役社長　泉谷直木

目次

第二章　資格の業務への活かし方

第三章　グループ内からみたアサヒビールグループ診断士の会

第四章　社外からみたアサヒビールグループ診断士の会

第１章

「アサヒビールグループ診断士の会」について

一・小さな成功事例を積み上げる

業務システム部
奥山　博

環境変化の連続を乗り越えて

「とにかく明るく元気で、体育会系的雰囲気であること」。ある先輩から、わが社の採用における判断基準をこう教えていただいたことがある。ビールの営業活動で町のお酒屋さんや料飲店さんとお会いするときは、余計な能書きよりも、まずは明るく元気に対応すべきというのが、この言葉の発端らしい。「少しの知性でいい」という声すら聞かれたほどだ。

もちろん、実際の採用活動は、このような基準では行っていない。しかし、体育会的雰囲気が強く、やたらと前向きな社員が多いことは、紛れもない事実だ。

これは、アサヒビールの全社員が、品質の高い商品をつくり、お客様に一本でも多く飲んでいただくことに集中特化していたことと深く関係している。〝アサヒマン〟は、自社のブランドや商品に強い愛情を持っている。また、組織の団結力は強く、スピード感にもあふれている。こうした社内の状況は、私たちにとってはごく当たり前のことだった。しかし、均質性・同質性の高い人材で大量生産から大量販売までを行っていたビジネスモデルにも、さまざまな変化の波が押し寄せてきた。

酒類業界は、日用雑貨品や加工食品などの業界と比べて、一九九〇年代に起きた流通変革への対応がのんびりとしていた。これは、酒類における免許制度とのかかわりが大きい。

私たちは長らく、お酒屋さんや料飲店さんといった「〇〇屋さん」中心に営業活動を行ってきた。しかし、一九九〇年代後半から始まった酒類販売の規制緩和に伴い、スーパーやコンビニなどの量販小売業でも酒類販売が常態化したことで、私たちも量販小売業への営業活動強化に取り組み始めた。商談方法も提案の中身も、従来とは大きく異なるものだったが、私たちは持ち前の明るく元気な営業スタイルを活かしつつ、他業界のベストプラクティスを会得すべく、懸命にノウハウの蓄積に努めていった。

ここまでは、外部の環境変化とその対応についての話だが、一方で、社内から意図的に発生させた環境変化とその対応もあった。同じく一九九〇年代後半、今後予測される少子高齢化に備えることを目的として、ビール単体事業から洋酒や焼酎、ワインなどを総合的に扱う総合酒類メーカーへの脱皮を計画、実施したのだ（二〇〇一年にニッカウヰスキー、二〇〇二年に協和発酵・旭化成の酒類部門を統合）。

これは、約百年間続いてきた大量生産、大量物流、大量販売のビール事業に、少量多品種、バラといった概念を持ち込んでいくことだった。異なる思想・スタイルを受け入れ、自らの中で再発酵させるため、研究開発、調達、生産、物流、営業の全部門で、今後あるべき姿の模索とあるべき業務プロセスへの変更、さらに対応する情報システムへの刷新を行い、乗り越えていった。

その後、新たなM&Aも実施しながら、アサヒフードアンドヘルスケアや和光堂、天野実業などが手がける食品事業にも力を注いでいく。そして、世の流れと同様にわが社も、単体経営からグループ総合力の経営にシフトしていったのだ。

こうして、「アサヒビールグループ」という言葉が社内に定着し、ビール、清涼飲料、洋酒、焼酎、ワイン、加工食品を扱う総合食品企業として、お客様に総合提案を行っていく形に変貌を遂げた。また今では、東南アジア、オーストラリアなどの海外市場にも積極展開するグローバル事業展開へと舵を切っている。今後、グローバル食品企業として世界のトップ10入りを目指し、経営の規模と品質を一気に高めていくことに、グループの総力を挙げて取り組んでいる。

振り返れば、一九八七年にスーパードライが上市されて二十三年が経過したが、後半の十五年間は、ビジネスモデルの複雑化の波を次々に乗り越えていく「変化と挑戦の歴史」だったとも言える。流通業界の変革に対する短期での対応や、事業ドメインの急拡大（ビール事業→総合酒類事業→総合食品事業）、単体経営からグループ経営への変更など、会社も社員も次々と変化していった。この内外の変化に社内が一致団結して取り組んだ過程にこそ、わが社の成長の原資があったと言ってもよいだろう。今後立ち向かっていくべきグローバル市場における競争にも、気持ちを新たに臨んでいかねばならない。

今後わが社が、世界の市場で複数カテゴリーのブランドを立ち上げ、世界のお客様と感動をわかちあうためには、どうあるべきか。私たちは、単一的な価値観にとらわれることなく、お互いの差異を認め合いながら、個々がプロフェッショナルとなって価値を生み出していく必要がある。

二〇〇九年より、お互いの違いを尊重し合う「ダイバーシティ」の取組みが、人事部門だけでなく、経営全体として積極的に実施されてきている。期間はまだ短いものの、その意識は社内に根づき始めているようだ。わが社がこのようなステージに立った今、そこで働く私たち社員も、従来どおりの均質性・同質性の高い仲間というだけでは済まなくなってきている。わが社が今後もステップ・アップしていくためには、社員も社員がつくり出す社風も、ともに成長していかねばならないだろう。

「アサヒビールグループ診断士の会」

当書籍の第一章・第二章を執筆しているのは、「アサヒビールグループ診断士の会」のメンバーである。この会は、第二章三節の執筆を担当している大西が、彼と同時期に中小企業診断士登録を行った同僚に話を持ちかけたもので、立ち上げの機運が高まったのは、わが社が前述のような転換期を迎えた二〇〇七年のことだった。

当時、アサヒビールグループ内には、中小企業診断士資格を有する社員が十五名いたが、残念ながらお互いの連携は、業務以外では何もとられていない状況だった。そんな中、大西たちの声かけにすぐさま十一名が賛同し、翌年一月に第一回目の会合が実施された。

資格は、取得しただけでは風化してしまうため、取得後の活用が大事になる。とは言え、個人で活用を考えるレベルでは、会社に効力を及ぼす大きなパワーにはなり得ない。もちろん、社員一人ひとりが強くなっていくことは、会社を強くしていくことに直結するが、いくつかの個をまとめて一つの集団とし、それに一定の方向性を付与していくことによって、個人の成長の総和よりも大きなパワーを生むことができる。声かけに即反応したメンバーのフットワークの軽さもアサヒらしいが、この集まりをこのタイミングで企画し、周囲を巻き込んでいった大西のアンテナ感度と行動力も、なかなかのものである（なお現在、メンバーは二十四名に増加している）。

同会は、二〇〇八年一月以来、およそ三ヵ月に一度の割合で定例会を開催し、就業時間後の一八時三〇分～二〇時過ぎまで行われている。内容は、メンバーの業務における取組み事例の発表などが中心で、毎回二、三名が順番に発表する。社内の人間同士とは言え、発表者は緊張感を持ち、一定レベル以上の発表をすべく取り組んでいるようだ。

ここでは、「新たな営業手法開発の話」や「M&Aにおける企業価値算定」などを、実務に携わる社員が具体的に説明するため、教科書的な話だけにとどまらず、臨場感や説得力がある。また社内の有識者からは、部門の取組みに関する話も聞ける。たとえば、「グループの品質保証の考えと取組み」など、部門責任者直々に包括的な知見や取組みなどを話してもらうことで、メンバーは大いに刺激を受け、さらに盛り上がりをみせている。

ちなみに会は、アサヒビールの社員を中心に、グループ企業であるアサヒ飲料、和光堂、資本業務提携関係にあるカゴメの社員で構成されている。勤務地も本社から全国各地の営業拠点まで広がり、職種も営業戦略、広報、マーケティング、業務システム（IT）、国際、調達、総務、営業支援、秘書、財務など多岐にわたっているため、ひとたびメンバーが集まると、グループ内のさまざまな取組みが手にとるように把握できるのも大きな特長だ。

また彼らの中には、それぞれの部門で組織の連結ピンとなって業務を支えている者が多い。単なる情報交換にとどまらず、自分たちが会社に何か貢献できないかを真面目に考え、酒類業界の厳しい環境下、自分たちの今後の活動がお得意先様に対しても何らかのお役立ちにつながっていけば、個人としても会社としても喜ばしい、とポジティブに話している。

会の活動テーマや在り方は、話し合いを重ねながら決めてきた。私は年長者だったこともあり、会長に就いてはいるが、実際はメンバーの自主性に任せているところが大きい。現在、会の平均年齢は約四十歳だが、今後はぜひ、若い人たちや女性の入会者（＝合格者）にも出てきてほしいと思っている。

これまで、定例会での「真面目な雑談」のほかに、お酒屋さんの経営活性化診断やグループ会社の外食企業などの診断実務、荻田伍社長（現・会長）との意見交換会、社外の企業内診断士会との交流、人事部主催の自己研鑽セミナーでの講師、社外から有識者を招いた講演会など、さまざまな取組みを実施してきた。今回の書籍出版も同じく、定例会以外の取組みで、そのすべてが真剣勝負である。

たとえばお酒屋さんの診断では、大事なお客様にわざわざ時間をとってお話しいただき、提案を聞いていただくのだから、本当に役立つ内容にしなければならない。相手がグループ会社の外食企業であっても同様で、「グループ内だから」、「時間外に行ったことだから」という甘えは許されない。

社長にスケジュールの合間を縫って時間をいただいたときは、「自分たちの若いエネルギーを感じていただこう」と気負って臨んだが、逆にそのパワーに圧倒された。そして、「今度はビール片手に、もっと時間をかけてやろう」とまで言っていただき、大いに元気づけられた。また、社内研修で講師をしたときも、「中小企業診断士資格を持っていると言っても、この程度か…」と参加者をがっかりさせないよう、事前準備に相当な時間をかけた。

こうしてさまざまな活動を行っているのは、仲間が群れてお酒を飲むだけの会にならないよう、各自が考えているからだろう。座学と実務が適度にミックスしていることで、自己実現による達成感も得られるし、連帯感の醸成にも役立っている。メンバーは、単に定例会に参加するだけでなく、可能な限り、それ以外の取組みにも積極的にかかわってほしい。

同会の会則は、いたって簡単である。入会資格は、中小企業診断士資格を取得していること。これは必須だが、それ以外はグループの社員であれば、誰にでも門戸を開いている。会は、就業時間後に本社会議室で実施しているため、遠隔地に勤務する社員には厳しい面もあるが、彼らも会員登録されており、会の状況や資料はメールで回覧される。

当然ながら社内業務を優先しているが、それでも毎回、メンバーの三分の二程度が会に参加する。そして終了後には、ビールや焼酎、洋酒などを飲みながら、肩肘張らない懇親会を行う。ここで交わされるのが、「どうしたら、もっとお客様に喜んでいただけるか」、「どうしたら、自社の課題を解決できるか」など、年次やお互いの立場にとらわれない意見交換。異なる部門に属し、異なる考えを持つ社員同士がフランクに意見をぶつけ合うと、予想もしない切り口が見出せることもあり、エキサイティングかつ、楽しく有意義な場となっている。

会を立ち上げる際は、まず人事部長の丸山に相談した。就業時間外の活動とは言え、会社の会議室を使うわけだし、人事部としても社員の中小企業診断士資格取得にさまざまな支援を行っていたため、ぜひともアドバイスが欲しかったのだ。

経営トップをはじめ、社内の誰にでも意見を求められるのはわが社の社風だが、それに対して構えず自然体でアドバイスできるのも、一つの特長かもしれない。このとき丸山は、会の趣旨に賛同し、人事部がその後の活動に多大な支援をする流れをつくってくれた。会のメンバーに対する社内研修の講師依頼も、その一例である。また、人事部の社員が定例会にオブザーバー参加し、熱く語ってくれるのも嬉しい。ちなみに、当初十五名だった資格取得者が、その後三年間で二十四名にまでなったのも、人事部の支援の成果と言えるだろう。

私にとっての中小企業診断士資格

ではいったい、私にとっての中小企業診断士資格とはどのようなものか。

私が資格を取得したのは、今から二十年ほどさかのぼって三十歳の頃。グループ会社の外食企業に出向していた時期だった。今ではほとんどないだろうが、当時、中途入社だった自分は、多少のハンディキャップを感じ、それを克服する手段として資格取得を思い立った。また、「社外でも通用するビジネスマンになりたい」という思いも強かった。

ちょうど二人目の子どもが生まれた頃で、生活が厳しかった分、「短期間で合格しなければ…」という強い気持ちで試験に臨んだ。とは言え、資格取得後も勉強を続けたため、家計からの持ち出しばかりで、家族には迷惑をかけたと思う。しかし資格を持っていたことで、三ヵ月間の国内留学や研修にも参加させてもらえる機会に恵まれた。

また業務においては、現在の業務システム部（業務革新とＩＴを担当する部署）以前、流通企画部（チャネル政策と価格政策を担当する部署）に所属していた際に、全国各地のお特約店様の経営者とお会いして卸売業の経営相談を受ける機会が数多くあり、中小企業診断士の勉強をしたことが大いに役立った。そして今、資格を維持してきたことで、「アサヒビールグループ診断士の会」の一員になることができ、各部門の人々とポジティブな会話をする機会が得られるようになった。努力した日々は遠く過ぎ去っても、勉強という名の貯金は、今も利息を生んでくれているようだ。

さらなるネットワーク拡大を目指して

私が会について常々感じているのが、各メンバーが自発的に動いて成り立っていることと、人と人とのネットワーク（特に社外）の構築を大事にしていることである。日常業務のように、組織間で物事が決まるのではなく、個人のネットワークや関係構築力によって話が進んでいくのだ。

メンバーはそれぞれ、自分なりの視点を持ち、疑問を率直にぶつけ合う。交わされる会話も、当然ながら自己責任である。そのため、ひょんなことから話が展開し、新しい取組みに発展することも多い。スーパードライの発売以降、わが社には、新しいことや困難なことに常に挑戦していくDNAが根づいているが、それがメンバーのモチベーションにも大きな影響を与えている。

社内に存在する部門を超えた集まりは、同期会をはじめ、多種多様である。同会がほかと少しだけ違うのは、自らの発案で苦しい試験勉強に取り組み、やり抜いた経験を持つ人々の集まりであることだろう。

一般的に、中小企業診断士資格を取得するには、のべ一、五〇〇時間程度の勉強が必要と言われるが、実際にメンバーに聞くと、それに近い、またはそれを上回る努力をしている。「中小企業診断士資格は、〝足の裏についた米粒〟だ」という言葉がある。取らないと気になって仕方ないが、取っても食えない（独立しても、生計を立てるまでには至らない）、という意味らしい。

しかし、「アサヒビールグループ診断士の会」は、そうとわかっていながら、チャレンジしてきた者の集まりである。前述のただ一つの共通点を除き、年齢も経歴もバラバラだが、だからこそ、この「前向きで異質な」集まりは、社内のイノベーションを生む可能性を秘めているのだ。

わが社では、グローバルな事業展開が当然のことになりつつある。たとえば、中国・山東省では循環型農業を展開し、二、〇〇〇頭近い乳牛を育てて、牛乳を生産・販売している。数年前には、想像すらできなかった話だ。

私たちに求められているのは、グループ全体の基本的な理念を理解したうえで、お客様のために何ができるかを柔軟に考える構想力であり、周囲を巻き込んでそれをやり遂げるスピーディな実行力だろう。今後、未知なる取組みを成功させるには、新たな分野について学び、社外ネットワークを構築しつつ、チームで取り組んでいくほかない。

幸いにも同会のメンバーには、こうした能力に長けた人が多い。彼らには、周囲に働きかけつつ、グループ内に自ら学ぶ習慣を持った人材が多く育つよう、活動していってほしい。

彼らが社内研修で講師をする目的は、会員を増やすことではない。研修に参加した社員が刺激を受け、意欲的に学習することで独自のスキルを習得し、さまざまな領域でプロフェッショナルになることが目的である。わが社の社風に、「自ら学ぶ」という新しい風を加えていければ、将来的に、グローバル市場でも大いに活躍できる社員が育っていくはずだ。

今後は、社外で同様の取組みをしている方々と積極的に交流する機会を増やしていきたいと考えている。これまでは、部門やグループ会社の壁を乗り越えた緩やかなネットワークによって活動してきたが、社外とも交流を図ることで、新たなイノベーションを生み出し、会社や社会に貢献できるようになれば、なお嬉しい。また、こうした対外試合こそが、メンバー個人の意識改革と成長につながっていくのだと思う。

profile

奥山　博〈おくやま　ひろし〉

一九五八年東京都生まれ。一九八一年慶應義塾大学法学部法律学科卒。一九八六年アサヒビール（株）に入社後、アサヒビールピザスタジオ出向、東京支社業務用営業を経て、マーケティング部市場調査課長、流通企画部課長、ＩＴ戦略部長を歴任後、二〇〇六年より理事、業務システム部長（現職）。一九九〇年中小企業診断士登録。

二・企業内で資格を活かすために

和光堂（株）総務部
落藤　正裕

誕生からお年寄りまで

二〇〇六年四月、酒類・飲料に次ぐ第三の柱を模索中のアサヒビール株式会社と、医薬品事業に経営資源を集中したい第一三共株式会社の思惑が一致した。ベビーフード大手・和光堂株式会社の買収劇である。

当時、和光堂の筆頭株主だった第一三共は、非医薬品子会社の売却を表明しており、入札方式による売却が進められていた。報道によると、二〇〇五年秋の第一次入札では、健康食品事業の拡大をにらむ事業会社や投資ファンドなど、約三十社が応札したという。その結果、アサヒビールが、乳幼児や高齢者向け商品を手がける和光堂の買収を実現し、アサヒビールグループとして、「誕生からお年寄りまで」の事業領域を担っていくことになった。

この買収劇の中、周囲でくり返されるM＆Aを他人事のように感じていた、和光堂生え抜き社員の私は突如、不安な毎日を送ることとなった。一〇〇年以上の歴史を持つ根っからの国産企業が外資系企業に買われ、「明日から会議は英語で行います」となるのではないかと、本気で英会話の勉強を始めようと考えたりもした。

買い手がアサヒビールに決まったときは正直、「なぜ、ビール会社が粉ミルクの会社を買収するのだろう」と思った。扱う商品に育児製品が多く、比較的のんびり、おっとりという言葉が似合う社風だったため、お酒のイメージとあまり一致しなかったのも事実である。

しかし、実際にアサヒビールグループに入り、愛社精神が強く、人にやさしい温かな雰囲気があることを感じて安心した。またグループ内には、アサヒフードアンドヘルスケアなど、健康志向の商品を扱う食品会社もあり、「これらの会社とともに、食品事業の一端を担っていきたい」と思うようになった。不安はあったが、同時に期待感もわいてきた。

ここでまず、自己紹介をさせてもらいたい。私は東北薬科大学を卒業後、和光堂に入社、医薬品にかかわる仕事を皮切りに、お客様相談室、品質保証、ＩＳＯ１４００１の認証取得、人事、総務とさまざまな業務を経験してきた。

医薬品関係では、臨床試験のデータをまとめる業務、厚生省（現・厚生労働省）に承認許可を得るための提出資料を作成し、役所とやりとりする薬事業務、医療機関から有効性・安全性情報を収集し、まとめたデータをフィードバックする業務などで、全国の病院を飛び回った。

お客様相談室にいたのは、大手食品会社が引き起こした集団食中毒による大騒動の頃だった。このときは、つらい思いや怖い思いもたくさん経験したが、年に数通ほどの感謝の手紙には大いに感動し、涙したこともあった。

それからは、品質保証、ＩＳＯ１４００１の認証取得を目指して環境活動に取り組むなど、技術屋としてのキャリアを積んできた。しかしその後、人事、総務とまったく畑違いの業務を経験することになり、現在に至る。そんな中、仕事を通じて社内外の多くの人と出会ったことは、今の私の大きな財産になっている。

中小企業診断士の勉強を始めたきっかけは、ＩＳＯ審査員補の資格を取るために勉強していたときのこと。一週間の合宿研修で、さまざまな会社の人と夜を徹してディスカッションする機会があった。そこで私は、自分が経営や会社、社会についてなど、専門分野以外は何も知らないことに気づき、愕然としたのだ。

無事、ＩＳＯ審査員補の資格は取得できたものの、マネジメントシステムを有効に活用し、被審査企業や自社の経営のためになるシステム構築ができるかどうかは、経営を理解する力量にかかっている。そして、経営を理解する必要性を感じた私は、中小企業診断士の勉強をスタートさせた。

一次試験の勉強は、自分になかった知識がどんどん吸収できて大変興味深く、達成感もあった。しかし、当時は科目合格制度がなかったため、二次試験に合格するまで全科目を何度も受け直すことになる。

そう、私は一次試験には受かるものの、二次試験は苦戦の連続だった。理由のわからないまま、三度も不合格をくり返し、悶々としていた。しかし、勉強を進めていくうちに、だんだん事例を解くことが楽しくなってきた。結局、四度目の受験で合格できたのだが、今にして思えば、与件を踏まえていない知識偏重の解答、設問全体を通した一貫性のない解答、アイデアレベルの思いつき提案などが、不合格の原因だったように思う。

アサヒビールグループの概要

次に、アサヒビールグループの概要を紹介したい。事業別にみると、国内酒類事業（ビール、ウイスキー、ワイン、焼酎など）、飲料事業、食品事業、国際事業、原材料事業、物流事業、外食事業、不動産事業、その他事業などに分けられ、**図表**中の会社からなるグループである。

一般的にグループ経営の基本となるのは、①親会社がグループ全体の理念・戦略を明示し、

図表　アサヒビールグループ会社一覧

事　業	会　社　名	概　要
国内酒類事業	アサヒビール(株)	ビールをはじめ、発泡酒、焼酎、チューハイ、洋酒、ワインなどの製造・販売を行う
	ニッカウヰスキー（株）	ウイスキー、ブランデー、焼酎、低アルコール飲料、ワインなどの製造を行う
	サントネージュワイン(株)	「無添加有機ワイン」などのサントネージュブランドを中心に、ワインの製造を行う
	さつま司酒造(株)	芋焼酎、麦焼酎の製造を行う
	(株)フルハウス	アサヒビールの料飲店支援活動推進に関するコンサルティング業務を行う
	アサヒドラフトマーケティング(株)	全国の料飲店向けに樽生ビール機器のメンテナンス指導を行い、生ビールの品質向上に貢献する
	(株)アサヒ流通研究所	流通に関する情報収集と分析、および特約店に対するコンサルティングを行う
	アサヒフィールドマーケティング(株)	量販業態を中心に、アサヒビール(株)、アサヒ飲料(株)商品の店頭フォロー活動を行う
	沖縄アサヒ販売(株)	沖縄県における酒類の卸・販売を行う
飲料事業	アサヒ飲料(株)	「十六茶」、「ワンダ」、「三ツ矢サイダー」、「バヤリース」などの飲料水の製造・販売を行う
	アサヒカルピスビバレッジ(株)	アサヒ飲料(株)とカルピス(株)の自動販売機事業を統合し、全国で営業活動を行う
	アサヒオリオンカルピス飲料(株)	沖縄県におけるアサヒ飲料商品と、カルピス(株)、オリオンビール(株)の自動販売機部門商品の販売を行う
チルド事業	(株)エルビー・東京	お茶類や果汁飲料を中心とした、デイリーチルド商品の製造・販売を行う。特にコンビニエンスストアを中心とした販売ルートに強みを持つ
	(株)エルビー・名古屋	宅配・通販向けの健康飲料を中心とした、ロングライフ商品の製造・販売を行う

食品事業	アサヒフードアンドヘルスケア(株)	菓子、食品、健康食品、サプリメント、酵母エキス、具材などのフリーズドライ商品の製造・販売を行う
	日本エフディ(株)	具材、スープ、果実、野菜などのフリーズドライ食品加工を中心に、応用分野としてファインケミカル事業にも着手する
	和光堂(株)	日本における育児用品のパイオニア。ベビーフードでは国内販売シェアNo.1を誇る
	天野実業(株)	フリーズドライの国内トップメーカーとして、高品質・高機能な商品の提供を行う
国際事業	煙台啤酒青島朝日有限公司	山東省にて煙台ビール、青島ビールの生産を行う
	北京啤酒朝日有限公司	北京にて北京ビール、およびスーパードライ、朝日ビールの生産・販売を行う
	杭州西湖啤酒朝日(股份)有限公司	浙江省にて西湖ビール、および朝日ビールの生産・販売を行う
	深圳青島啤酒朝日有限公司	広東省にて青島ビール、およびスーパードライの生産を行う
	朝日啤酒(中国)投資有限公司	朝日啤酒(上海)産品服務有限公司に出資する投資会社
	朝日啤酒(上海)産品服務有限公司	北京、上海、大連、広州、深圳の市場にて北京ビール、スーパードライ、朝日ビールなどの販売を行う
	ASAHI & MERCURIES CO,LTD.	台湾にてスーパードライ、ニッカウイスキーなど、アサヒビールグループ商品の販売を行う
	Asahi Beer U.S.A.,Inc.	バンクーバーのモルソンカナダ社にて生産されたスーパードライの北米における販売を行う
	康師傅(カンシーフ)飲品控股有限公司	中国最大手食品グループ・康師傅控股有限公司との飲料事業の合弁会社
	山東朝日緑源農業高新技術有限公司 山東朝日緑源乳業有限公司	山東省莱陽市にて農業・酪農事業、および牛乳の製造・販売を行う
	江蘇聖果葡萄酒業有限公司	江蘇省にてワインの製造・販売を行う
	ヘテ飲料(株)	韓国にて清涼飲料水の生産・販売を行う
	Buckinghamshire Golf Co.,Ltd.	英国ロンドン近郊のゴルフ場
	Schweppes Australia Pty Ltd.	オーストラリアにて清涼飲料水の製造・販売を行う

原材料事業	アサヒビールモルト(株)	各種麦芽と麦茶の製造・販売を行う
物流事業	アサヒロジ(株)	アサヒビールグループの物流中核会社として、全国ネットワークの強みを活かし、物流企画から運営までを一貫して担う
	エービーカーゴ東日本(株)	アサヒロジ(株)の子会社として、東日本地区の配送オペレーションを担う
	エービーカーゴ西日本(株)	アサヒロジ(株)の子会社として、西日本地区の配送オペレーションを担う
外食事業	アサヒフードクリエイト(株)	外食事業の中核として、ビアレストラン、イタリアン、和風、中華レストランなどを全国展開する
	アサヒビール園(株)	北海道、福島、神奈川、四国、博多の工場に隣接したビール園や北海道内のレストランを展開する
	(株)うすけぼ	英国の伝統と格式を活かしたパブレストランを展開する
不動産事業	アサヒオフィスアンドビルサービス(株)	アサヒビールグループの保有する不動産の管理業務を行う
その他事業	(株)アサヒビールフィード	ビール製造工程での副産物であるモルトフィードの製造・販売と肥料の販売を行う
	(株)アサヒビールコミュニケーションズ	アサヒビールの各工場にて工場見学を行うとともに、アサヒビールグループ関連商品の販売を行う
	アサヒビジネスソリューションズ(株)	主にアサヒビールグループのIT専門企業として、システム開発・保守・運営を行う
	(株)アサヒビールエンジニアリング	建築・設備の新設更新、メンテナンス、および省エネ・省資源業務を行う
	アサヒマネジメントサービス(株)	アサヒビールグループ各社に共通する給与、福利厚生、経理などの間接業務を集約・効率化するシェアードサービス会社

各グループ会社が課された役割を果たせるよう、ヒト・モノ・カネ・情報といった経営資源を効率的に配分すること、②成果を事業単位で評価・モニタリングし、グループ全体でＰＤＣＡを回していくことである。

アサヒビールグループ内には、さまざまな事業を行う事業系会社と、さまざまな機能を担う機能系会社があり、規模として中小企業にあたるものもある。一つひとつの会社の発展は、必ずグループ全体の発展につながるため、各社の強みを活かし、グループ全体の経営に有効かつ有機的につなげていくうえでの戦略が求められるが、そこにこそ、中小企業診断士としての視点が活きてくる。私たち「アサヒビールグループ診断士の会」の活動が、少しでもプラスの影響を与えられればと思う。

幸い、グループ内には、さまざまなことにチャレンジする場を与えてくれる雰囲気があり、「思ったら、まずはやってみよう」という精神で実行できる。経営者や人事部の理解のもと、同会のメンバーがさまざまな活動をしていることが、何よりの証拠である。現在は、親会社であるアサヒビールのメンバーが大多数だが、今後は、グループ会社内からも中小企業診断士を育て、同じ土俵でグループ全体を見据えた議論ができる仲間が増えることを願っている。会としても、こうした人財の育成をサポートする体制をとっていければ嬉しい。

グループの長期ビジョン

詳しくは、アサヒビールのホームページ（http://www.asahibeer.co.jp/）に長期ビジョン2015として掲載されているため、そちらに譲るが、グループが目指す長期ビジョンのキーワードのみ、紹介しておきたい。「自然の恵みを、食の感動へ」と「世界品質」である。

「乳幼児からお年寄りまでを支援する健康生活支援企業」を目指すアサヒビールグループのドメインとしては、①誰に―誕生からお年寄りまで、幅広いお客様に、②何を―自然由来の素材を活かしたものづくり力を強みとして、お客様ニーズに合った商品やサービスを、③どのように―「食の感動」や「世界品質」とともに提供する、といったところだろうか。つまり、「食の感動」を提供するために、「食と健康」と比較的広く設定していた従来の事業ドメインを再定義し、「自然由来の素材を活かしたものづくり力」を今後の強みとすることを宣言したうえで、より高いレベルでのお客様満足を追求していきたいと考えているのだ。

また、品質については当然ながら、これまでも安全・安心を追求してきており、その評価があってこその今日なのだが、それに甘んずることなく、さらに上のレベルを目指す必要がある。ここで言う「品質」とは、製品の品質はもちろん、あらゆる企業品質を指す。つまり「世界品質」とは、製品、経営、人財など、企業活動すべての品質を世界で通用するレベルにまで高め、世界各地のお客様から信頼される企業グループになりたいという私たちの思いを表すものなのである。

悩める企業内診断士

さて、読者の皆さんの中には、企業内診断士の方も多いと思う。皆さんにお聞きしたい。果たして、企業内で資格を活かせているだろうか。

合格を機に、企画部門や、経営にかかわるプロジェクトに参加できるようになる人は、決して多くない。かつての勉強仲間とメールなどで情報交換をする程度で、日常業務の忙しさに埋もれ、「中小企業診断士としての知識や技能が活かせていない…」とボヤいている人も多いだろう。以下に、私の考える打開策を紹介する。

中小企業診断士とは、基本的な経営知識を持ち、外部視点で考える資質を備えた資格である。そのため、自社の常識にとらわれることなく、客観的な判断に基づいた業務改善ができるだけでなく、経営者の思いの「翻訳者」として、周囲に影響を及ぼすこともできる。経営者の考え方や他部門の業務スキームが理解できるため、相手から頼られることも多いだろう。まずは、そうした機会を大切にして、「あいつ、資格を取ってから少し変わったな」と思わせるようにしたい。

また、「中小企業診断士の仕事は、ネットワーク活用業である」と言っても過言ではない。社内外の人的ネットワークを、自らの業務に活かすことができる。担当業務の改善を行ったり、自社製品の販売促進に人脈を活かしたり、知り合った専門家に社内研修の講師として来てもらい、周囲のメンバーに影響を与えたりもできる。活動することで、道はどんどん拓けていくはずである。努力を常に怠らなければ、その積み重ねがきっと、自身の将来へとつながっていくだろう。

では具体的に、企業内診断士としてどのように活動していけばよいのか。ここでは、「ネットワークを広げ、人脈をつくっていくこと」と、「自己研鑽を怠らないこと」の二点について述べる。

ネットワークを広げよう

ネットワークを広げるにはまず、昔の勉強仲間や、実務補習をともに乗り越えた同期生との情報交換会程度から始めるとよいだろう。回数を重ねるごとにメンバーを増やしていけば、結構広がりはできてくるものである。

私たちのように、社内の中小企業診断士仲間が集まって輪を広げる方法もある。そして、その輪をもっと広げたい方は、ぜひ中小企業診断協会に加入することをおすすめしたい。「メリットがあまり感じられない」と加入をためらう人もいるようだが、受け身ではなく、自分から積極的に活動に参加すれば、得るものは多い。そこには、年齢や経験が異なるさまざまな人との出会いがあり、希望すれば、研究会や勉強会にも参加できる。

中小企業診断士の集まりは、業界を横断したもので、まさに「異業種交流会」と言える。しかも、通常の異業種交流会と異なり、お互いが「中小企業診断士」という一定レベルの知識や考え方を持っているため、共通する言語でのディスカッションができ、大変有意義である。単に知り合いを増やすだけでなく、異なる専門性を持つ人と経営に関する意見交換ができる関係を築ける場にもなるだろう。

私も中小企業診断士一年生の頃は、実務補習で一緒だった同期生と勉強会を立ち上げるとともに、診断協会東京支部三多摩支会に入会し、三つの研究会に参加した。月に計四回の会合は大変だったが、おかげでさまざまな人と交流できた。一つの出会いがネットワークとなり、一人との関係が多くの人へと広がっていく。このように、非日常的な場所で人との関係ができると、あっという間にネットワークが広がるため、とても楽しい。

ただ、勘違いしないでほしいが、知り合いを増やせばいいわけではない。つくり上げた関係を活用できるレベルにまで深めなければ、意味はないのだ。

たとえば研究会も、出席するだけでは情報収集止まりで、人脈形成にはならないため、できれば会の運営にかかわりたい。もちろん、最初からは無理なので、机を並べたり、資料を配ったりと、雑用でも何でも積極的にかかわっていくことである。そして、会合後の懇親会にも参加し、メンバーとの会話量を増やしていく。お酒が得意でない人は、ウーロン茶を飲みながらでいいし、人見知りの人は、知り合いの隣に座って輪を広げてもらえばいい。私もそうだったが、人の名前を覚えるのが苦手な人は、飲み会の幹事を引き受けるのがおすすめである。メンバーとの接点が多く、そのたびに名前を確認できることで、早く覚えられるからだ。

もう一つ、やってみる価値があるのは、会社の了解を得たうえで、名刺に「経済産業大臣登録　中小企業診断士」と入れることである。これは、意外に効果がある。

中小企業診断士資格は、残念ながらまだまだ認知度が低い。それを高めることで、資格の地位向上につながり、名刺交換でビジネスを超えた人間関係ができる可能性もある。

実は、本会の大西との出会いも、名刺交換から始まった。それは、私も大西も上司に随行している状況のこと。名刺をみて、お互いに「あっ」と思ったが、当然、その場でその話題にはならない。後に連絡を取り合い、親しい付き合いが始まったのだ。

もし、お互いが名刺に資格名を入れていなければ、私はまだ、アサヒビールグループ診断士の会に入っていなかったかもしれない。もちろん、名刺に資格名を入れるだけでなく、その後のフォローが重要なことは、言うまでもない。

自己研鑽を怠らない

自己研鑽については、中小企業診断士のスキルの維持が重要である。前述のとおり、企業内の日常業務において、中小企業診断士としての力量が活かせる場面は多いとは限らない。そのため、せっかく習得した知識や診断実務能力も低下してしまう。いざというときに診断できる力量を維持しておくためにも、研鑽努力を怠ってはいけない。

特に、会計制度や法律、規制、施策は変化が激しいため、常に新しい知識をインプットする必要がある。有料セミナーも行われているが、本業を抱えて日常的に追い続けるのは難しい。そんなときは、前述の診断協会を活用するといい。支部・支会の行事や研究会活動などを通じて情報が入手できるし、会報誌の『企業診断ニュース』もなかなか役に立つ。

研究会には、専門分野に特化したものもあり、深い知識を習得する場も提供されている。一方、私たちの側から、自身の業務に関連する専門分野の最新動向など、企業内診断士ならではの情報を提供することもできる。相互に情報交換ができるようになれば、素晴らしい。

診断スキルについても、同様である。仕事で子会社などの経営診断ができる人はいいが、ほとんどの人はスキルの維持が難しく、実務従事ポイントの獲得にも苦労するだろう。その点でも、支部や研究会では、診断実務の機会提供を行っている。ちなみに私の場合、研究会で知り合った先輩診断士のお誘いで診断させていただいたり、研究会活動の一環として診断実務を行い、ポイントを確保したりしている。

企業内診断士には本業があるため、物理的な制約が課される。そんな中、少ないチャンスを活かせるかどうかは、自分しだいである。無理をする必要はないが、可能な範囲で積極的に活動していってもらいたい。

グループ間のネットワーク

最後に、グループ間のネットワークについて述べたい。

本会の仲間は、年齢や所属する会社・部署がさまざまである。しかし、誰もが向上心にあふれ、果敢にチャレンジする信念を持っている点は、共通している。彼らがグループ内のさまざまな部署に散らばり、ネットワークを形成することで、周囲の人を巻き込み、より大きなネットワークができていく。それは、本業にも大きく影響するだろう。

私たちは、中小企業診断士という同じ土俵に立ち、グループを思う気持ちをベースに、さまざまな視点で意見交換を行い、前向きに議論している。会合後には、必ずワイガヤ懇親会が行われ、さらに突っ込んだ話がくり広げられる。ちなみにワイガヤ懇親会とは、「アサヒビール」を飲みながら、「ワイワイガヤガヤ」と、ちょっと真面目な話をすること。「お酒の席で言ったことだから…」と、その場限りで流れてしまうことはない。次の日には、その件で必ず確認が入る。そうした点も含めて彼らは、「中小企業診断士としての腕を磨け。さびつかせるな」と、お互いに刺激し合える存在でもある。

最近は、身近にも困っているお取引様やグループ企業がみられる。「そこを診断させていただくことで、少しでもお役に立てれば」という思いから、私たちの活動はさらに広がっている。そしてこの動きが、中小企業診断士以外の資格を持っている人たちにまで波及し、より大きなうねりになっていくことを期待している。

同じ思いを持つ仲間たちと情報を共有し、ディスカッションを行い、将来を語り合えること、また、こうして書籍を執筆し、診断実務を行い、ともに活動できることは、私にとって大きな幸せである。改めて、何にでもチャレンジさせてもらえるグループの風土に感謝したい。

profile

落藤　正裕〈おちふじ　まさひろ〉

一九五八年北海道生まれ。一九八一年東北薬科大学薬学部卒後、和光堂（株）に入社。医薬部、医薬情報部、お客様相談室、品質保証部、ISO推進事務局、人事部を経て、二〇〇七年九月より現職。二〇〇六年四月中小企業診断士登録。薬剤師、環境・品質マネジメントシステム審査員補。モットーは、「人を大切にしたい！　特に弱い立場の人を」

三．店の個性を活かし、情報発信型酒販店へ——企業診断①

酒類本部企画部
成塚　祐介

プロローグ

「専務、ありがとうございます。こんなことをしてもらえるなんて…」

「アサヒビールグループ診断士の会」のメンバー・村瀬が突然、居酒屋で涙を流した。村瀬は、この夏—私たちは「ワインの夏」と呼んでいたが—、ともに酒販店診断に取り組んだ仲間であり、私と同じく二〇〇八年四月に中小企業診断士登録をした同期生でもある。

「まったく…。三十を過ぎた男なんだから…」。そう思いつつも、彼の頑張りなくしてこの日は迎えられなかったことを思うと、その言葉は口にできなかった。村瀬が涙を流すに至った「ワインの夏」とは、いったいどのような夏だったのだろうか。

「個性的な店があるんだけど…」

二〇〇八年一月に始動したアサヒビールグループ診断士の会は、各人の活動や仕事内容を会員間で共有する勉強会の開催や、社員向け研修の実施など、少しずつ軌道に乗り始めていた。一方で、「仲間うちだけの活動を続けていていいものか…」という問題意識もあり、「いつかは企業診断をしてみたい」とも思っていた。

そんな折、七月初旬に東京の営業担当（当時）の松橋から、ある提案があった。都内の酒販店（ここでは鈴木商店とする）を紹介してくれるという。彼が実際に担当している酒販店ではあったが、「アサヒ党で、診断させてくれそうな店だから」ではなく、「経営者に思いがあり、その個性的な店づくりを応援してあげたいから」というのが、紹介の理由だった。そして、「企業診断の機会があるなら、ぜひやろう」となった私たちは、松橋から鈴木商店の経営者（ここでは鈴木専務とする）に打診してもらった。

後でわかったのだが、松橋は営業活動を通して、鈴木専務と深い信頼関係を築いており、専務も「松橋が言うんなら…」と話に乗ってくれたようだった。ちなみに松橋は、会社では後輩だが、中小企業診断士としては先輩であり、はっきり物事を言う好漢である。

アサヒビールグループでは、九月に人事異動があるのが通例のため、現行メンバーで診断を行い、報告会を実施するには、二ヵ月弱しかない。さっそく、どのようなチームを組み、どのようなスケジュールで行うかを決めなければならなかった。

チーム編成を手がけ、私にも声をかけてくれたのは、幹事の大西。当時の彼は、会長秘書を務めており、決して時間に余裕があったわけではないのだが、会の立ち上げにとどまらず、初めての企業診断が動き出すよう、精力的に動いてくれた。七月中旬には、松橋をコーディネーターとした五人の診断チームができ上がった。メンバーは村瀬、大西に加え、流通・物流に詳しい松浦、量販向け販促に詳しい金田、そして私である。

スケジュールは、先方のご予定を伺いながら調整し、報告会がお盆明けの八月二十一日、初回ヒアリングが七月二十四日に決まった。私自身は、登録前の実務補習として三社の企業診断を行った経験はあったものの、短期間できちんとした提案ができるかどうか、一抹の不安があった。しかもこの取組みは、会の自主的な活動であり、当然ながら仕事をきちんとやったうえで、業務以外の時間を使わなければならない。メンバーにはそれぞれ家族があり、すでにお盆の予定を入れている者もいて、診断内容とともに時間の確保も課題だった。

当時の私は、経営企画部員として次年度計画の準備をしていたほか、ワインアドバイザー資格試験（酒類製造・販売に携わる者のみが取得できるワインの民間資格）の一次試験が控えていた。ちなみにこの資格は、大西から話を聞いて興味を持ったもの。もっとも、仕事と企業診断と資格試験を並立させるのが無理なら、診断チームに加わらなければいいわけで、やると決めた以上はきちんとした提案を行い、仕事をこなしつつ、試験もクリアすることを固く決意した。

「どんな店なんだろう…」

初回ヒアリングを前に、松橋から鈴木商店に関するブリーフィングを受けることになった私たちは、ある平日の夜、本社会議室に集まった。

鈴木商店は都心に位置し、昔からその地で酒販店を営んでいる。鈴木専務が実質的に経営を担うようになってから、コンビニエンスストア業態に転換し、ワインも本格的に扱い始めて、飲食店との取引もかなりあるらしい。専務はかなりのワイン好きで、コンセイエの認証も受けている。また、店内で調理している弁当も人気である。これらの内容を、初期情報としてインプットした。

今日、一般の酒販店を取り巻く環境は厳しい。規制緩和の一環で、酒類小売免許が自由化され、スーパーやコンビニエンスストアでもアルコールを販売する店が増えた。それに伴い、定価販売されていた商品も、店によって価格差があるのが当たり前になった。また、消費者のアルコール離れや少子化の影響による飲用者数の減少など、市場全体も縮小傾向にある。そんな中、特色や強みなしでは、生き残っていくことができない。日本酒に特化した酒販店などは、その好例だろう。

そうした基本知識はあるものの、ブリーフィングを受けても、鈴木商店がどんな店なのか、イメージはわかなかった。都心にあり、コンビニエンスストアを営みつつ、ワインが豊富で、弁当も売っているって…。店構えや内装はどのような感じで、専務はどのような人なのか。恥ずかしながら、この時点では、コンセイエという言葉も知らなかった。とにかく、現時点で収集できる情報を入手したうえで実際に現地へ行かないと、何もわからないだろう。

続いて、ヒアリングの準備から実際の提案内容作成までの大まかな役割分担を行った。企業診断における検討領域の切り口には、いくつかの考え方があると思うが、今回はオーソドックスに、経営戦略、販売、人事、情報に分けることとした。

「じゃあ、私が経営戦略をやりますね」。そう発言した村瀬（当時、アサヒ飲料経営戦略部に在籍）のペースで、ほかの役割も決まっていった。会として初めての診断ということで、仕事で経験したことのある領域を各自にあてはめた。私が人事担当を拝命したのも、そうした理由からである。

ここで、簡単に自己紹介をさせていただきたい。私はアサヒビールに入社後、首都圏本部総務部、人事部、グループ会社出向（シェアドサービス子会社）と、いわゆる人事畑を歩んできたが、当時はアサヒビール経営企画部に在籍し、経営管理や中期計画策定を担当していた。そんなわけで、「今回の診断では、経営戦略を担当しようかな…」と思っていたのだが、村瀬の決定にあえて反論する理由はなかった。

ちなみに一般的には、経営戦略担当が診断チームのリーダー役となる。私たちは報告会に向け、村瀬を中心に活動していくことになった。チームの中ではもっとも若手だが、てきぱきと物事を進める能力に優れているというのが、私の村瀬評である。

わが社の社風からすると、夜の打ち合わせ後は、場所を変えた打ち合わせ（一般的には飲み会と言う）に移ることが多いが、担当分野のヒアリング項目をつくったり、事前調査を行ったりするために、この日は飲み会なしで解散した。

その後、事前調査でわかった周辺環境やワイン市場の動向を、チーム内で共有した。小売店の場合、商圏分析が基本中の基本となるため、一次商圏（半径五〇〇m以内）・二次商圏（半径一、〇〇〇m以内）の人口推移や競合店の状況をみる。すると、商圏内の人口は減少傾向にあるものの、オフィスや学校が多いため、昼間人口が夜間人口の数倍になっていることがわかった（ここに機会があるかもしれない…）。また、コンビニエンスストアチェーンの店舗が一〇〇mほど離れた場所にあることもわかった（これは脅威なのか…）。さらに、店の特徴の一つであるワイン市場について調べたところ、ここ数年は安定的に推移しており、最大の輸入国はフランスだが、チリやオーストラリア、アルゼンチンといったニューワールドと呼ばれる産地からの輸入が伸長しており、シャンパンなどの発泡系ワインの人気も高まっていることがわかった（大いに機会になるのではないか…）。

次にコンセイエについて、Ｇｏｏｇｌｅで確認しておいた。現代は、検索さえすればある程度のことはわかる時代である。だが、重要なのは知識ではなく、そこから何を引き出すかだろう。ちなみにコンセイエとは、フランス語で「助言をする人」という意味で、フランス食品振興会が「フランスワインの販売に情熱を注ぐ達人」として、一定の試験に合格した人を認証するもの。レストランにソムリエがいるように、ワインショップでワイン選びをお手伝いするプロが、コンセイエである。日本全国に、コンセイエのいる店が約三五〇あり、鈴木商店はそのうちの一店ということになる。

「こんなところにこんな店が…」

七月二十四日。初回ヒアリングの日を迎えた。終業後、チーム全員で鈴木商店の最寄り駅に集まり、街の様子をつかむために、店の近隣を歩いてみることにした。事前調査のとおり、人がたくさん住んでいるわけではなく、中規模のオフィスが並ぶおしゃれな街並みだった。「こういう場所に住んでいる人や働いている人なら、ワインを飲むかもしれない」という印象を抱いた。

しかし、肝心の鈴木商店がみつからない。住所からすると、この通り沿いにあるはずだが、コンビニエンスストアらしき店は、件の競合店しか見当たらない。「とりあえず、つきあたりまで行ってみよう」と歩くうちに、「あっ、ここだ」と鈴木商店をみつけたのだが、外見からはどうにも、ワインを豊富に扱う店にはみえない。

まず、鈴木専務にご挨拶をした。人あたりのよい優しそうな人、というのが第一印象。店の切り盛りで忙しいと聞いていたため、三〇分ほどヒアリングを行い、店内をみせてもらうことが、この訪問の目論見だった。

挨拶の後、店内の状況を確認した。店に入るとまず、雑誌や日用雑貨、加工食品が目に入る。

ここまでは、一般的なコンビニエンスストアの光景だが、店の中央には大きな弁当・惣菜コーナーが鎮座していた。すでに日が暮れていたため、品数は少なかったが、昼どきはたくさんの手づくり弁当が並べられているのだろう。

そして、店舗面積の三分の一程度を占める店の奥のスペースには、ワインが所狭しと陳列されていた。コンセイエがいる店ということで、フランス中心の品揃えかと思ったが、伝統国からニューワールドまで豊富な種類が並び、初めてみるボトルも多い。いくつかの銘柄には、手書きのPOPに小さく丁寧な文字で、わかりやすくその特徴が書かれていた。POPはすべて、専務がつくっているようだ。外観からは、店内がこんな異空間になっているとは、想像もできなかった。

その後、部屋をお借りしてヒアリングを開始した。専務は、たっぷり時間を割いて、ヒアリングに付き合ってくれた。私たちが準備していなかった内容まで話してくれたほどだ。専務の話を聞きながら、「そうか。こういうこともヒアリング項目に入れておくべきだったな…」と後悔したが、実際、このときにヒアリングできなかったことがあり、それが提案時に響くことになる。たくさんの話を聞くことはできたが、全般的に専務のペースで進行したため、村瀬は対応に苦慮していたようだ。

このヒアリングからは、専務の熱い思いを感じとることができた。「この街にとても愛着があり、元気な街にしたい」、「これまでさまざまな工夫を凝らし、成功や失敗をくり返してきたが、この店をずっと続けていきたい」、「ワインが好きで、自分のアイデンティティの一つでもあるが、今後、ワインに特化していいかどうかの判断がつかない」、「近隣にコンビニエンスストアが出店してから、日販が少し落ちている」。こうした悩みや問題意識を、私たちも共有することができた。

最後に、倉庫を視察した。倉庫には、ワインの箱が天井に届かんばかりに山積みされていた。店内にあれだけの種類のワインがあるのだから、バックヤードがこのようになってしまうのも、やむを得ないのかもしれない。ちなみに、この中からお目当てのワインを探し出せるのは、専務しかいないようだ。

店内・倉庫内の写真を撮影して、初回ヒアリングは終了した。おおよその店の状況を把握できただけでなく、専務の思いをたっぷり聞くことができたのは、想定外の収穫だった。自営業の経営者は忙しいことが多く、中小企業診断士という第三者への警戒心もあって、初めから胸襟を開いてくれるとは限らないのだが、専務の人柄と松橋の日常の関係構築があってこそ、濃密なヒアリングができたのだと思う。

この日は場所を移し、ビールを飲みながら、簡単な振り返りをした。それぞれが気づいたことを出し合い、インプットを確認する。同時に、「専務があれだけ熱く語っているのだから、何とか役に立つ提案をしたい」という思いも共有した。

「そういうことでしたっけ？」

翌日、昼休みに本社会議室で打ち合わせを行った。松橋は事務所が違うのだが、鈴木商店の弁当を買って、わざわざ本社まできてくれた。弁当を食べながら、大まかな方向性を話し合う。ちなみに弁当は、ボリューム・味・価格のバランスがとれていて、「近くにあれば、ときどき食べたい」と思えるものだった。

打ち合わせは、ヒアリングの最後に倉庫をみたことも影響して、「専務が困っていた店舗オペレーションの問題点を解消する」という方向性でまとまった。ここで言う方向性とは、初期仮説であり、これに沿って現状分析や課題の抽出、提案内容の検討を進めていく、活動の骨子にあたるものである。これがズレていると、最後の提案内容が的外れになったり、作業が逆戻りしたりしてしまう。今後、決まった方向性に沿い、役割分担に応じた作業を進めていくことになった。

この場合の方向性は、店舗オペレーションの改善である。そこで、課題設定ではなく、問題抽出を行い、何をどう変えるべきかを検討することにした。ちなみに課題とは、あるべき姿と現状とのギャップで、問題とは、正常な状態と現状とのギャップである。私たちは、店舗オペレーションの正常化を提案しようとしていたのだ。

チーム内でメールをやりとりし、昼休みの打ち合わせを重ねるメンバーたち。八月五日の昼休みは、収集した情報をもとに、提案内容を検討するために集まった。この日はチームの五人に加え、松橋も参加していた。これまでの作業実績を確認し、提案内容に話題を移そうとしたとき、松橋がつぶやく。「そうなのかな…。専務のやりたいことって、そういうことでしたっけ?」

そのつぶやきに、私たちは沈黙した。しばらくして松橋は、「仕事がある」と会議室を出て行った。わざわざ時間を割いて参加してくれたのは、「このままだと、陳腐な提案になってしまう」と危惧したからだろう。

私たちは混乱した。いや、少なくとも私は混乱した。リーダーの村瀬は、もっと混乱していたかもしれない。

「どういうことだろう」、「店舗オペレーションの正常化という方向性では、ダメなのか」、「すでに診断期間の三分の一を費やしてしまったが、ここから軌道修正できるのか」。悶々としながら、三〇分が過ぎた。

昼休みが終わる頃、松浦が言った。「やはり、中小企業診断士としての提案をすべきではないか」

松浦は、チーム最年長（と言っても一、二歳しか違わないが…）であり、人の意見を尊重しつつ、「君の言いたいことは、こういうことだよね」と人を導くマネジメント能力に長けた人物である。「現状分析に基づいて、あるべき姿を描き、課題解決の道筋をつける」というストーリーが、松浦の言う「中小企業診断士としての提案」である。

私は、実務補習のことを思い出していた。「対象企業の現状と経営者の思いを把握したうえで、課題と機会を見出し、経営者の思いを実現できる提案をする」というのが、基本的な企業診断である。実務補習では、「現状分析を踏まえて仮説を立て、必要な情報収集を行い、仮説を検証していく」というプロセスが非常に楽しかったが、たしかに、この日までの鈴木商店の診断プロセスでは、そうした高揚感を味わっていなかった。

私たちは、初回ヒアリングで専務の思いを把握し、「専務の役に立とう」と誓い合ったのに、実際に進めてきたのは、オペレーションの改善提案だった。「短い診断期間でできるのは、これくらい」と、自らを枠にはめてしまっていたのかもしれない。松橋と松浦のおかげで、私たちは道を間違えずに済んだのだと思う。「残りの期間で、やれるところまでやろう」と軌道修正することを決め、仕事に戻った。

「コンセプトは、これで行こう！」

仕切り直しにあたり、改めて現場をみることにする。店舗を調査するチームと、ワインの取引がある飲食店にヒアリングするチームに分かれた。

店舗チームは、金田が中心になった。店舗内の顧客動線を実際に調査し、その翌日には図面に落とし込み、鈴木商店の特徴を抽出した。また販売実績も入手し、売上・利益の観点からレイアウトの分析を行った。

飲食店チーム（私はこちらだった）は、二日間に分けて三店舗を訪問した。すべての店に共通していたのは、繁盛していること、料理もお酒もゆったり楽しめること、そして何より鈴木専務を信頼していることだった。「すべてのワインを鈴木商店から仕入れている」という店、「特徴あるワインなら、鈴木商店から」という店、「配達の都度、ワインのことを教えてもらって助かっている」という店。鈴木商店の強みは、ワインの品揃えだけでなく、専務の仕事への姿勢や人柄にあることを再確認した。

また、鈴木商店に来店したお客様にも、アンケートを実施した。お盆直前に実施したため、休業の会社もあったのだろう。定量分析できるN数には至らなかったが、定性的な声は集めることができた。近隣の住民や勤め人には、「ふだん使いの店」として重宝されており、鈴木商店にワインが豊富にあることは、半ば当然のように認識されていることもわかった。ちなみに、この夏は猛暑。昼間にアンケートを担当した者は皆、汗だくになっていた。

八月十二日の終業後、私たちは再び、打ち合わせを行った。この場では、現状分析をもとにＳＷＯＴ分析を行い、そこから鈴木商店のドメイン（誰に、何を、どのように）を再設定し、事業コンセプトをつくった。「強みを活かし、それを市場機会にぶつけることを提案の中核にしながら、それを実現するには、現状の問題も解消しないといけない」という提案フレームである。この場で決めた「ＷＩＮＥ＆ＤＥＬＩ」という事業コンセプトを実現するには、どうしたらよいか。残り八日間は、この一点に集中することにした。チームの五人も松橋も、「これで行こう！」と腹に落ちるコンセプトだった。これなら、専務にも伝わるのではないか。

企業診断のアウトプットには、二通りある。一つは、思いもつかないドラスティックな戦略を提案するもの、もう一つは、経営者の思いを束ね、形を整えて順序をつけて示すものである。専務の思いを十分に聞いている私たちは当然、後者をとった。

深夜のメール

八月十六日。報告会が五日後に迫っていたため、お盆休み中ではあったが、本社会議室に集まった。前回の打ち合わせで設定した事業コンセプトに沿って、分野ごとにどのような提案内容にするか、お互いに確認した。また報告会は、報告書を使いながら、ポイントを説明する形で行うことを決めた。

企業診断は、報告会で説明して終わりではない。その後の活動指針として、経営者の手元に残るアウトプットが必要である。報告書をつくり、現状分析から事業コンセプト設定、提案内容までをわかりやすく示さなければならない。今回の報告書は報告会でも使うため、わかりやすさや読みやすさも重要だった。

各自、三日以内に担当分野の報告書原稿を作成することを決め、この日の打ち合わせを終えた。ちなみに金田は、待たせていた家族とともに帰省していった。彼はこの後、キャンプ場で原稿を書いたらしい。

お盆休み中に書いた原稿は、自宅から全員にメールで送り、それぞれの進捗状況を確認し合った。家族との時間も大切にしながらの報告書作成で、皆、時間のやりくりが大変だったようだ。朝にメールをチェックすると、連日、深夜二時、三時にメールが届いていた。キャンプ場にいた金田は通信環境が悪く、メールの送信にも苦労したそうだ。

八月十九日、各自が作成した原稿を束ねて、報告書案が完成した。事業コンセプトに沿って作成したため、大外れということはないだろうが、分野ごとに担当者が違うため、原稿を合体させて終わり、というわけにはいかない。全体を通してみると、ロジックが少しおかしかったり、章立てがわかりにくかったり、細かい表現を統一すべきだったり、といったことがまままある。夕方に集まり、章立ての修正を行ったが、念のため各自が持ち帰り、気づいたことを翌日、持ち寄ることにした。

今回は、報告書が唯一のアウトプットだったこともあり、私は報告書にこだわりを持っていた。細かい部分に手抜かりがあると、提案内容の信頼を損なってしまったり、私たちの取組みが粗雑なものと思われたりする可能性もある。「神は細部に宿る」というが、細かいところまで決して手を抜かないのが、私の信念である。また、報告会の後にも見返してもらえる報告書をつくるのは、チームの共通認識でもあった。

自宅に戻った私は、報告書全体を数回読み返し、構成や表現の修正箇所をメールに記して、リーダーの村瀬に送った。これまた深夜のメールで迷惑をかけたが、村瀬は翌日、メンバーからの指摘を踏まえて、報告書を仕上げてくれた。明日はいよいよ報告会である。

報告会当日

八月二十一日、一九時三〇分～報告会が始まった。全体を通した説明を三〇分行い、その後に質疑応答や意見交換を、と考えていたが、熱が入りすぎ、説明だけで一時間近くかかってしまった。しかしその間、鈴木専務は報告書を一緒にめくりながら、真剣に提案内容を聞いてくれた。

私たちの提案の骨子は、以下のとおりである。

「ワインを楽しみたい人の期待、近隣の住民の信頼に対して、専務自らが手がけるこだわりのワインと、手づくり感満載のデリカテッセンによって、日常からハレの日まで、楽しさ・豊かさを提供しましょう。鈴木商店の特徴を伝えるために、こだわりのワインのよさを伝えるために、いろいろなしかけをして、情報を発信していきましょう。それらは一足飛びにできるものではないため、社員教育や権限委譲などの足固めを優先しましょう。そうして、「WINE&DELI」を徐々に実現していきましょう」

それに対する質疑応答での専務のコメントは、以下のとおりである。

「なるほど、そうだよな、と思った。いろいろやりたいことはあるけれど、それとは別に、やらなければならないことが多くて、手が回らない。提案してくれた内容のいくつかは、かつてやったことがあるが、現在はやめてしまった。お得意先やお客さんがどう思っているかというのは、自分ではなかなか聞けないので、こういう形でみせてもらえるのはありがたい。報告書を見返しながら、考えてみたい」

紙面上はここまでにとどめておくが、意見交換は二時間を超えた。やりとりの中で、専務にある程度、ご納得いただけているという実感を得て、内心ホッとした。

ただ、人事担当の私としては、痛い失敗があった。意見交換の終盤、専務から、「実は、女房がいろいろやってくれるんですよ」との言葉。聞くと、手づくり弁当のレシピ開発などは、奥様が精力的にやっていらっしゃるようだ。

「しまった。奥様のことを、まったく考慮していなかった…」。提案書には、専務と社員、アルバイトのことしか書いていない。個人経営の会社では、家族従業者をきちんと把握しておかなければならないのに、基本をもらしてしまった。エアコンの効いた部屋だったが、このときは汗が噴き出した。次回以降の反省点である。

突然の涙

報告会終了後、専務に「近くで飲まないか」とお声がけいただいた。飲み会の場でも、専務から「提案を聞いて、こう思った」とか、私たちから「こうしてみてはどうか、と思っているんです」といった話になる。チームで頑張ってきて、こうして最後に診断先の経営者と飲みながら話せることが、とても嬉しかった。味わい深いビールだった。

お店の閉店が近づいた頃、「いろいろ頑張ってもらって、いい提案もしてもらったので、ごちそうさせてください。本当にありがとうございました」と専務が言ってくれた。実務補習の経験上、すべての経営者が診断をウェルカムとは思っておらず、「診断させてあげている」というニュアンスの方もいることはわかっていた。しかし今回は、そうではなかった。提案内容がよかったのか、「こいつら、思った以上に頑張ったな」と思っていただけたのか。おそらく、後者だとは思うのだが…。

「専務、ありがとうございます。こんなことをしてもらえるなんて…」

これが、冒頭に記した村瀬の言葉である。彼は泣いていた。リーダーとして、このチームをここまで引っ張ってくるのは、大変だったのだろう。

途中で方向性を見直し、急遽アンケートを実施した。一方で、仕事をきちんとこなしつつ、生まれたばかりの子どもがいる家庭も大切にした。企業診断をやり遂げた「ワインの夏」は、村瀬にとって格別に暑い夏だったのだと思う。彼の心の中まではわからないが、さまざまな思いが涙として表出したに違いない。私も少し、もらってしまった。

「お客様満足に満足してはいけない。満足の上には、感動があり、感動は人の心を震わせる。感動の上には感謝・感激があり、お客様からありがとう、と言ってもらえる」

人から聞いたこの話を、私はよく思い返す。普通のことをしていたら、お客様満足までしか到達できない。「そこまでやるのか…」というレベルまでやりきった先に、感動があるのだ。

私は、このチームは、当初の想定を超えてやりきったと思っているし、それをチーム内でわかちあえたとも思っている。専務からも、「ありがとう」という言葉をいただいた。感謝とまではいかなくとも、わずかでも感動はしていただけたのだと思う。

「ワインの夏」の終わり

報告会をもって、私たちの「ワインの夏」は終わりを迎えた。しかし、私にはまだ続きがあった。八月二十六日に、ワインアドバイザー資格試験が控えていたのだ。覚えなければいけない項目が多く、十分なインプット時間が必要だった。

八月中旬以降は、報告書作成と試験勉強のために、試験前日まで三〜四時間睡眠で走りきった。そして、何とか合格。「企業診断があったから不合格でした」とか、「企業診断のために受験できませんでした」などと言い訳をせずに済んだ。

こうして、ようやく私の「ワインの夏」も終わった。この夏は、妻と外食するくらいでどこにも出かけられなかったが、文句も言わず、私を支えてくれたことに感謝している。

エピローグ

企業診断後も、年一回程度は店舗を訪れ、専務から状況を伺っている。報告会直後の二〇〇八年九月にリーマンショックが起き、それ以降、飲食店からのワインの注文が減っているらしい。専務いわく、「今は、攻めずに守りを固める時期なので、基本に返り、機会ロスと廃棄ロスを減らすことを徹底している」とのことだ。

提案を実行に移すかどうかは、経営者しだいである。専務は、「最近は少し時間ができたので、将来のことも考えているよ」とおっしゃっていた。ワインをもっと伸ばす自信があるという。

鈴木商店はきっと、これからも元気だろう。

企業診断を行うと、経営者の思いや悩みを共有し、今後をともに考えるという貴重な経験ができる。知識・知恵だけでなく、精神的な蓄積も得られるよい機会である。アサヒビールグループ診断士の会として、メンバーを固定化することなく、今後も診断を続けていきたい。そしてできるならば、診断先の経営者とともに、旨いビールを飲みたいものである。

profile

成塚　祐介〈なりつか　ゆうすけ〉

一九七二年大阪府生まれ。一九九四年京都大学工学部卒後、同年アサヒビール（株）に入社。首都圏本部総務部、人事部、アサヒマネジメントサービス出向（グループのシェアドサービス子会社）、経営企画部を経て現在、酒類本部企画部に在籍。酒類事業の計画策定とマネジメント支援などを担当。二〇〇八年四月中小企業診断士登録、同年九月日本ソムリエ協会ワインアドバイザー認定。これからの自己研鑽プランは、「一人でもできる勉強は三十代で終え、四十代からは人や先人に学ぶ」

四．また来たい！と思う店づくりへの提言――企業診断②

流通部　松浦　端

（株）うすけぼとの出会い

二〇〇九年二月二十五日の夕方、アサヒビールグループ診断士の会のメンバーが、本社会議室に集まった。

この日、議論すべきテーマは、本年度に実施する企業診断先の企業について。前年度は、メンバー五名により、都内の酒販店の企業診断を行い、ある程度のノウハウを蓄積できたが、継続的に行っていかないと、メンバーのスキルは向上しない。一方で、メンバーは全員、企業内診断士のため、通常の社内業務が優先で、診断先の企業の開拓は非常に困難である。

ビール会社ゆえ、診断先は酒販店や飲食店など多数存在するように思えるが、仮に診断を依頼したいと考えている企業があったとしても、私たちの会がどのような活動をしているのか、そもそも期待に添った診断ができるのか、不明な点も多いはずである。また、メンバーが約二十名存在するとは言え、資格を取得し、プロの中小企業診断士の下で数社の実務補習を行った経験があるにすぎない私たちが、企業のニーズに十分に応えられるとは言いがたい。

そんな中、あるメンバーから、「社外の診断先を探すのもいいが、まずはグループ内で、企業診断に応じていただける企業を探すべきではないか」という意見が出た。グループ内の企業のニーズに対応できてこそ、外部の企業の開拓が可能になるというわけだ。すると別のメンバーから、「前回は酒販店だったので、今回は外食関係の企業がいいのでは?」という意見が挙がった。

さっそく、社内の担当者を通じて、グループ内に複数ある外食企業のうち、ある一社にお願いする。快く応じていただけたその企業の名は、(株)うすけぼ。グループ内の企業とは言え、やるからには最善を尽くし、社長の満足を勝ち取るような提案を行わなければならない。今年も昨年同様、熱い夏のやってくる気配が感じられた。

企業概要と外部環境

（株）うすけぼは、都内を中心に複数の店舗を所有する外食企業である。メニューはビール、ウイスキー、ワインなど、豊富な酒類と、それに合った洋風料理が中心である。創業から二十八年間、法人や個人会員のお客様に支持され続けてきた。

英国風の豪華な客船を意識した内装は、大航海に旅立つような雰囲気をお客様に提供する。また、隣のお客様の会話が気にならないよう、個室も充実している。それゆえ、利用客の目的は、法人の接待や商談などが主なようだ。従業員の格式高いユニフォームや、お客様の状況に応じた細やかなおもてなしは、評判もよい。さらに立地も、オフィス街や駅の近隣など、ビジネスマンのアクセスしやすい場所が多い。売上高については、ここ数年は横ばいだが、一定の数値を維持しており、長期的な経済不況が叫ばれる昨今においては健闘している企業である。

しかし、外食企業を取り巻く環境は今後、いっそう厳しくなることが予測される。米国を発端とする世界的な経済危機は、わが国にも大きな影響をもたらした。消費者は、食品や嗜好品も、より安い物を購入するようになってきた。

具体的には、家庭内の酒類の消費金額を抑える傾向が強くなり、ビールの愛飲者は、より低価格な第三のビールへとシフトしていった。また多くの企業で、コスト削減の一環として、接待費などを切り詰める傾向がみられるようになった。さらに、仕事帰りのビジネスマンは、外で飲む回数を減らし、飲むにしても、客単価の安い店にシフトしている。国内人口の減少、高齢化に伴う酒類消費人口の減少、若年層のアルコール離れ、団塊の世代のリタイアに伴うオフィス街での飲食機会の減少など、酒類業界や外食業界への向かい風は、今後も強くなっていく一方だろう。

とは言え、消費者の支持を勝ち取り、成長している企業も存在する。厳しい経済環境になればなるほど、より消費者のニーズに合った商品やサービスを提供する企業が勝ち残っている。外食企業は、従来の勝ちパターンを踏襲するのでなく、顧客の変化をとらえて変革を進めていく必要があるのだ。

チーム分けとスケジューリング

(株)うすけぼに企業診断の承諾を得た後、私たちは次の会合を行った。参加メンバーの決定に加え、最終的な診断報告書作成と、社長プレゼンまでのスケジュールなどを決めるためである。

前述のとおり、メンバーは皆、本業が優先である。そのため、企業診断にメンバー全員が参加できるとは限らない。その時期に会社のプロジェクトが重なっている場合などは、会社を優先せざるを得ないからだ。また、生半可な気持ちで参加することは、診断先の企業に迷惑をかけるだけでなく、他のメンバーにも悪影響をもたらす。そこで最初に、今回の診断に参加したいメンバーを募ることにした。

まずは、エントリーシートに自分の得意分野（経営戦略、マーケティング、情報システムなど）と今回の診断にかける意気込み、リーダーになりたいかどうかの意思表示などを記載してもらった。その結果、一〇名の参加者が確定した。

当初は、四〜五名しかエントリーしないのではないかと踏んでいた。しかし、想像以上にメンバーのモチベーションは高かった。今回の企業診断には報酬は発生せず、活動は業務時間外となる。経費を自腹で支払うことや、プライベートな時間を削って診断に取り組むこともあり得る。にもかかわらず、これだけのメンバーが手を挙げてくれたことは、非常にありがたかった。

次に、参加者をAチーム・Bチームの五名ずつに分けた。一〇名だと、全員を集めるスケジュール調整が困難で、それぞれの役割も重複してしまうためである。そして、最初に行う社長ミーティングや市場調査などは両チーム共同で行い、その後の診断報告書作成は別々で行うことにした。

リーダーは希望者を優先し、各チーム一名ずつ決定した。メンバーの年齢は幅広く、本社部長クラスから入社十数年の社員まで存在する。しかし、リーダー決定にあたっては、年齢や役職を考慮しない。これは、会社での上下関係を意識することなく、自由で活発な議論を行うためである。これによって、若い社員がリーダーシップを発揮する訓練にもなる。

一方、スケジュールについては、以下のとおりとした。

まずは五月、社長へのヒアリングを実施する。これには一〇名全員が参加し、事前にまとめた項目をもとに、社長から話を伺う。次に六月上旬までに、メンバーが二名ずつのペアを組み、各店舗を視察する。ここでは、お客様の視点で料理の味や酒類のメニュー、価格、サービス、店舗内の清潔さなどを確認する。

続いて六月中旬には、実際に各店舗のお客様の声をヒアリングするとともに、過去に店舗を訪れた人へのアンケートを実施する。その後、六月末に両チーム合同のミーティングを行い、社長ヒアリングの内容や、これまでに収集したデータ・情報を共有する。さらに、(株)うすけぼにおけるSWOT分析(強み・弱み・機会・脅威の分析)やドメインの設定(誰に・何を・どのように、の明確化)も行う。

そして七月上旬には、両チーム合同で事前プレゼン会を実施する。ここでは、両チームの提案内容に大きな方向性のズレや違和感がないかを確認する。最後に八月上旬、社長への最終プレゼンを実施して終了となる。

社長へのヒアリング

五月二十五日の夕方。（株）うすけぼの社長と部長に本社会議室までお越しいただき、メンバーによるヒアリングが始まった。ヒアリング内容を要約すると、以下のとおりである。

・ご来店いただいたお客様が、「次もまた行きたい」と思うようなお店をつくりたい
・外食産業は、労働集約型である。すなわち、サービスを提供する「人」に大いに依存する。計算式で表すなら、「人×労働時間×単価×情熱」であり、このうちのどれか一つがゼロになってもいけない
・その意味で、社員には真面目でよい人間がそろっている。このような企業を、なかなかつくることはできない
・会員顧客が一万人を超え、毎年数百名ずつ増えている。法人と個人の会員が存在し、入会時のウイスキーや誕生月のワインプレゼントなど、特典が豊富である

・一方で、過去から蓄積してきた店舗運営のノウハウやメニューにこだわるあまり、変化に対応する力が弱くなってきている
・たとえば、何がいつ、どのくらい売れたのかという販売データなどを活用し、メニューを売れ筋とそうでないものに分けて、売れないものについては販売を中止することも必要である
・お客様の望むものと店舗の提供する商品やサービスに、ズレが生じている感じもする
・お客様が満足するということは、料理の質や量に対し、価格が適正ということだ
・しかし、低価格指向のお客様が増える中、生ビールの飲み放題のようなメニューが要求されているにもかかわらず、対応できていないこともある
・能力主義を徹底し、やる気のある社員をもっと引き上げていきたい。他の飲食チェーン店では、料理コンテストなどを実施して新メニュー開発を促し、優秀者は表彰するといった制度も取り入れているようだ。社員には、こうした会議に積極的に参加してもらい、さまざまな刺激を受けてもらいたい
・すべての起点は、お客様である。お客様の求めている、あるいはそれを超えるパフォーマンスを提供することが、私たちの使命である

この日のヒアリングでは、社長や部長の真剣で熱い思いが、十分に伝わってきた。部長は入社以来、会社の業績向上に取り組んできた。私たちは果たして、彼らの満足いく診断報告書を作成し、無事にプレゼンまで行き着けるのだろうか。メンバーにも緊張感が走った。

なお、今回の企業診断における提案内容には、制約があった。それは、「既存店の売上高の増加（二桁増を目標）に特化する」こと。たとえば、新規店舗を増加させるような投資案件や人員配置、仕入れ方法、内装の見直しなどは対象としない。

実務補習は通常、経営戦略や人事、財務、情報システム、マーケティングといった役割ごとに担当者を決めて行っていく。この点についてメンバーの中には、㈱うすけぼの真にあるべき姿を追求するために、最初から対象範囲を制限することに異を唱える者もいた。しかし、一定の制約の中で企業の要求に応じた提案を行うことも重要である。また、そもそもメンバーの能力にも限界があり、大きな投資案件など、片手間ではできるはずもない。したがって、今回は両チームとも、商品やサービスの改善に特化することとした。

事前店舗視察

六月上旬、一店舗につき二名ずつのペアを組んで都内各店舗を訪問し、実際に料理を味わってみることにした。限られた日程で多くの店舗を回るため、一つのペアが一日に二店舗を回訪する。

この際、漠然と視察していては、ポイントを見落としてしまう。そこで、メンバーの一人から、「飲食店QSCAチェックシート」を活用してはどうかという意見が出た。これは、Q（クオリティ：料理やドリンクの商品について）、S（サービス：接客やスタッフについて）、C（クレンリネス：清潔さについて）、A（アトモスフィア：アメニティについて）の四つの大項目ごとに、それぞれ十数個の細かいチェック項目を用意し、○や△で評価するものである。これによって、店舗ごとの特徴や強み、店舗間の差などを比較できる。しかし実際には、企業診断を行うにあたり、ゼロベースで商品やサービスを頭に入れることが目的だった。

メンバーには、一度は（株）うすけぼの店舗に行ったことがある者が多い。しかし、時間の経過とともに記憶があいまいになっており、その意味で事前の店舗視察は有意義だった。またもう一つ、次週以降に展開する店舗内でのお客様ヒアリングをスムーズに行うためのシナリオ作成という目的もあった。

実は、このお客様ヒアリングの実施にあたっては、メンバーから賛否両論があった。賛成意見としては、「前年の酒販店の診断で行った店舗前でのお客様ヒアリングと同様、お客様の生の声をお店に伝えることができる」というもの。たしかに、前年に実施した店舗前アンケートでは、お客様のさまざまな意見をいただくことができた。統計的な処理には至らなかったが、ふだんはお客様に聞けない内容までヒアリングし、それを列挙するだけでも、お店には大いに感謝していただいた。

一方、反対意見として出たのが、「お客様が接待や商談を行っているかもしれない状況で、メンバーがヒアリングをすることによって、悪影響を及ぼす恐れがある」というもの。格調高い雰囲気の中、お食事を楽しまれているお客様にヒアリングするのは、お客様にとってもお店にとっても、好ましいことではないだろう。代替案としては、テーブルにアンケート用紙と鉛筆を備えつけ、主旨をご理解いただいたお客様のみ、アンケートにご協力いただくことや、精算時にレジの前でヒアリングすることなどが挙げられた。

結局、各店舗の支配人に事前に説明し、お店側からアンケートに応じていただけるお客様を紹介してもらうことになった。幸い、会員顧客の構成率が高い同店では、支配人となじみのお客様も多い。そこで、こうした方法をとるのがよいと判断した。

お客様ヒアリング

続いて六月中旬には、一店目のお客様ヒアリングを行った。二店目以降は、一店目の状況をみて、継続すべきかどうかを判断することにした。一店目でお客様ヒアリングを行うことがあまり歓迎されないならば、中止する方向で考える。

ヒアリングの内容は、お客様の年代や性別、会員かどうか、来店頻度や料理・ドリンクに対する要望、接客サービスなどについて、五段階で評価してもらうものである。最後に自由意見欄を設け、ひと言でお店に関するコメントをいただく。なお、アンケートに応じていただいたお客様にはお礼として、「ミンティア」（アサヒフードアンドヘルスケア社の清涼菓子）や「ウコンV」（グループ企業・エルビー社のチルド飲料）をお渡しすることにした。

支配人のご紹介となる最初のお客様には、快くお引き受けいただいた。そして、すべての質問項目で大変高い評価を得ることができた。また自由意見としては、「出張先で首都圏以外の都市に行くことも多いが、そこでも（株）うすけぼの店舗に行きたい」ということだった。そのほかにご回答いただいたお客様からも、同様に高い評価が得られた。

ヒアリングの結果、わかったのは、きわめて当然ではあるが、「お客様は、そのお店を気に入っているから来店している」ということである。料理やお酒、店内の雰囲気や清潔さ、店員の接客などに十分満足しているから、継続的に来ていただけるのだ。

このように、すべてのお客様に「また来たい！」と思っていただければ、最高である。だがもちろん、そうとは限らない。十分に満足できない理由があったお客様は、次に来店することはない。そして通常、再来店しなくなった理由を、お店は知ることはできないのだ。私たちの次の課題は、来店しなくなったお客様の声を聞くことだった。

利用者アンケート

お客様ヒアリングの後に実施したのが、利用者アンケートである。

一般的に、一度はそのお店を利用したことがあっても、再来店しなくなったお客様の声を聞くのは、至難の業である。しかし、(株)うすけぼの店舗を利用したことがあるわが社の社員なら、多く存在する。都内オフィスだけでも、わが社のグループ社員は約一、〇〇〇名存在することがわかったため、彼らを対象に利用者アンケートを実施することとした。

そもそも、同じグループ企業でありながら、(株)うすけぼの店舗を利用しない社員が多いのは問題だが、事実を知るうえで、このアンケートは大いに役立つはずである。内容は、年代、性別、来店頻度、価格、料理、店内サービスなどを五段階で評価するもの。そのほか、利用シーンやもっと行きたくなるための要望などを自由に記入してもらうようにした。方法としては、社内のイントラネットを活用。この分野に精通したメンバーがいたため、すぐに対応できた。

アンケート期間が短く、特典なども用意していなかったため、回答率はよくても一割（一〇〇名）程度と想定していた。しかし驚いたことに、開始後三日間で約六〇〇名から回答をいただいた。自由記入欄にも、多くのコメントが寄せられている。改善要望なども多かったが、ここには、グループ社員の（株）うすけぼへの期待が詰まっているのだ。さっそく、メンバーがデータを集計・分析したところ、以下のようなポイントがみえてきた。

・アンケート回答者の性別は、八割が男性、年代構成は二十～三十代が四割、四十代が四割、五十代以上が二割だった。行ったことがある人は八割、利用頻度は月一回以上の人が一割、数ヵ月に一回の人が三割で、最近は行ったことがない人が六割だった。

・利用目的は、会食や飲み会がもっとも多く、接待や歓送迎会が続く。年齢の高い層は会食が多く、二十～三十代は歓送迎会が多かった。また利用頻度の多い人は、接待の比重が高かった。

・評価している点は、店の雰囲気が一番であり、次いでお酒の種類の充実度が挙がった。男性は店の雰囲気を、女性はお酒の充実度をより評価している。また利用頻度の多い人ほど、店の雰囲気を重視していた。

・改善してほしい点は、どの年代も価格という回答が多かった。一方で、年齢の高い層や利用頻度の多い人は、その多くがリーズナブルと評価していた。

・もっと行きたくなるために改善してほしい点は、飲み放題やお得なコース料理など、価格面での優遇措置が挙がった。また女性からは、季節ごとのメニューなどの要望もみられた。利用頻度の多い人には、改善要望があまりみられないが、そうでない人は、店の雰囲気に入りにくさを感じているようだった。

今回は、アンケート対象に偏りがあるものの、一方で、率直な意見を聞けるというメリットもあった。

以上の社長ヒアリング、お客様ヒアリング、利用者アンケート結果を踏まえ、私たちは二チームに分かれて、診断報告書の作成にとりかかることになった。

合同ミーティング

七月上旬、両チームが作成中の診断報告を発表し合う合同ミーティングが開催された。ここでは、最終プレゼンに向け、それぞれの進捗状況を確認する。会として、両チームの提案内容に大きな隔たりや偏りがないかどうかをチェックすることが目的だった。

この時点でのAチームの診断報告は、以下のとおりである。

・自社分析（社長ヒアリングから導かれた、お客様がまた来たい！　と思う店づくりへの課題について）
・消費者分析（お客様ヒアリングと利用者アンケートの結果）
・方向性検討、ドメインの設定（誰に―四十代以上の現役と団塊の世代に、何を―こだわりのお酒といやし、活力を、どのように―お酒にうんちくを添え、きめ細かな接客で）
・来店客アップの基本構想（お客様を会員と会員予備軍、一見客の三層に分けて、それぞれの階層に合わせた販促を行い、来店頻度向上と会員化を促進する）
・戦略マップ（目標―売上高二桁増、コンセプト―お客様がまた来たい！　と思う店づくりと、ターゲットとするお客様に合わせた会員との絆の深耕、会員予備軍の頻度向上など、

販売促進策―お酒・料理関連策、サービス関連策、インフラ整備―お客様情報の活用と、おもてなし力の向上）

具体的な販促策としては、お酒に関連するフェア、飲み比べセット、値頃感のある小皿料理、団塊の世代をターゲットとした同窓会企画を提案した。またそれらを実現するために、お客様の会員名簿作成や、意見を書いていただくカードの準備、営業開始前の朝礼の工夫を検討した。さらに商品面でも、マイナス０℃以下のスーパードライ・アサヒスーパードライエクストラコールドを扱った新しい飲み方の提案や、ウイスキーの世界的品評会であるワールド・ウイスキー・アワード（ＷＷＡ）やインターナショナル・スピリッツ・チャレンジ（ＩＳＣ）で表彰された「竹鶴21年」を店内でもっと訴求しよう、という提案があった。

特に戦略マップは、目標と課題、具体的な販促策やそれを支えるインフラがひと目でわかるようになっており、Ａチームの提案のポイントとなっていた。ちなみに現時点で、診断報告はほぼ完成に近い状態。社長プレゼンまでまだ半月程度あったが、リーダーの斎藤憲がメンバーをうまくまとめ、明確な指示とスケジュール管理を行った成果である。

斎藤憲は、チーム内で二番目に若い業務用販促のプロフェッショナルだが、自らリーダーを志願しただけあって、やる気十分だった。若干のとまどいはあったものの、メンバー同士が助け合うことで、作業は滞りなく進んでいた。

続いて、Bチームの診断報告に移る。

Bチームはこの日、リーダーの金田を含め、二名しか出席していなかった。ちょうどこの時期、多忙なメンバーが多かったのだろうが、作業自体もうまく進んでいなかったらしい。金田は、リーダーシップを発揮できず、メンバーの意識がバラバラで意思疎通もうまく図れていないことに悩んでいた。

彼は量販チェーン向け販促のプロフェッショナルだが、業務用とは少し勝手が違ったのだろうか。また彼が、推薦によってリーダーに選ばれたというのも、Aチームとは決定的に違っていた。

実際、この時点での彼らの発表は、ひどいものだった。診断報告書の大半が、中小企業診断士の受験勉強時代に習得した知識の羅列なのだ。AIDMAやインターナルマーケティングといった用語を並べ、受験生に用語解説を始めるのかと思うほどだった。

ここで、Aチームのメンバーであり、会の中でもっとも論理的かつ冷静な成塚が、耐えきれなくなったように声を上げた。

「今まで、何をやってきたんですか？　この発表は何ですか？　これは、社長に提案する内容ではありませんよね？　専門用語が提案内容の背景にあるのはいいですが、それを前面に出すと、知識を自慢しているようにしかみえませんよ」

たしかに、そのとおりだった。社長が求めているのは、「お客様がまた来たい！　と思う店」をつくることであり、中小企業診断士関連の用語を勉強したいわけではない。静まり返る会議室。あと半月あるとは言え、社長プレゼンまでに完成度を上げるには、時間が足りないように思われた。金田は、目にみえて落ち込んでいた。

社長プレゼン

八月三日の夕方、本社横にあるレストランの一室を借りきり、㈱うすけぼ社長へのプレゼンが行われた。Ａ・Ｂ両チームのリーダーに与えられた診断報告の時間は、それぞれ三十分。発表は、パワーポイントでまとめた資料をスライドに映し出す形である。部屋には、両チームのメンバーも集まった。発表後に社長からコメントをいただき、どちらのチームの発表により満足したか、判定していただくことにした。

まずは、Ａチームからプレゼンを行う。半月前の合同ミーティングとほぼ同じ内容で、完成度は高いものの、大きな進化はみられなかった。Ｂチームの内容が貧弱だったため、少し安心していたのかもしれない。

そして、Bチームのプレゼンが始まった。発表内容は、以下のとおりである。

・現状分析（お客様ヒアリングと利用者アンケートの結果、SWOT分析、社長の思い）
・戦略の方向性（ありたい姿、とるべき方向性、差別化集中化戦略）
・従業員満足度の向上（従業員の満足度を上げることによってサービスの価値が上がり、それがお客様の満足を増大させる。従業員による新メニューの提案や料理コンテスト、優秀従業員を表彰する月間MVP制度、ホスピタリティの高いホテルなどでの研修を行う武者修行制度）
・商品価格戦略（価格帯別のメニュー、話題性のあるメニュー）
・会員化の促進（会員のランク「プラチナ」、「ゴールド」、「シルバー」に応じた特典の付与、ランチ利用客のディナーへの誘導、口コミ紹介特典）
・ベンチマーク（競合店の成功事例）

「これが本当にあのBチームか…」。発表は、見違えるようだった。メニューや価格、お客様の階層に応じたサービス提供などの提案内容は、Aチームと似通った部分も多かったが、従業員満足度の向上からお客様満足の向上につなげているのは見事だった。

私は、過去の中小企業診断士二次試験で、同じようなテーマの事例問題があったのを思い出した。専門用語もいくつかあるにはあったが、単なる知識の押しつけでなく、考え方を整理するための切り口として使っていた。短時間で、よくぞここまで完成度を上げたものである。

また、金田のはっきりした口調と、ほどよく間をとったプレゼンは、日常業務で鍛えられたものだった。発表が終わった瞬間、私は、「Bチームの勝ちだな」と感じた。半月あれば、Aチームはさらに内容の改善を図ることもできただろうに…。

聞いたところによると、合同ミーティングの後、Bチームのメンバーは相当に奮起したようである。金田は、メンバーにそのときの悔しさを伝え、心に火をつけた。平日の終業後、彼らは遅くまで会議室にこもり、隅田川花火大会の日も、窓の外の音だけを聞きながら議論を続けたらしい。その成果は、十分にプレゼンに反映されていた。

最後に、社長の講評が行われた。内容は、「両チームとも甲乙つけがたい」とのこと。お互いが真剣に、「お客様がまた来たい！　と思う店」を実現するために切磋琢磨したことを、とても喜んでいただいた。

提案内容の中には、早急な実現が難しいものもあった。しかし部長いわく、（株）うすけぼではこの日を待たずして、飲み放題メニューの設定や売れ筋に応じたメニュー改定など、いくつかの改善を進めているとのことだった。多くのお客様の声を聞けたことで、自主的な改善につながったらしい。

終了後、会場となったレストランの一室で、パーティが開催された。参加者全員が、生ビールで乾杯する。アサヒビールグループのブランドステートメントである、「その感動を、わかちあう。」瞬間だ。

お互いの労をねぎらい、宴は遅くまで続いた。彼らにとっての熱い夏が、静かに過ぎ去ろうとしていた。

次なる挑戦に向けて

(株)うすけぼの企業診断開始から約一年が経過したある日。社長と部長にお時間をいただき、その後の業績を伺った。売上高は、当初の目標だった二桁増には届かず、現状維持だという。

私たちが行った提案や調査結果は、(株)うすけぼにとってよい刺激になったらしい。しかし、社長のお話を伺うにつれ、理屈はそうだとしても、それを実践するのはまた別の話であると痛感した。お客様がまた来たくなる店を実現するには、まだ時間が必要なのかもしれない。

そんな中、社長は、店舗を利用し続けてくださるお客様と、店舗でお客様満足を追求する従業員のために、経営努力を続けている。私たちの企業診断は終わっても、(株) うすけぼのまた行きたくなる店づくりへの挑戦は続くのだ。

私たちも、自己のスキルアップや実務経験の向上にとどまってはいられない。会として、診断先企業の事業継続と成長を支援していかねばならないのだ。

私たちは、単に資格を取得しただけの集団であってはならない。プロフェッショナルな中小企業診断士が、診断先の社長から感謝され、信頼を得ているように、私たちも自己研鑽を続け、そうした存在を目指していくべきである。アサヒビールグループ診断士の会の挑戦は、まだ始まったばかりであり、これからも続いていく。

profile

松浦　端〈まつうら　ただし〉

一九六七年大阪府生まれ。九州大学農学部卒後、アサヒビール（株）に入社。物流部門で首都圏エリアの需給調整業務を担当後、本社の営業部門、物流部門、事業計画部門を経て、流通部門にて取引制度・価格制度などを担当。二〇〇八年中小企業診断士登録。

五．合格の秘訣は情報力と理解力

業務システム部
齋藤　宏樹

私が中小企業診断士を目指したきっかけ

私がなぜ中小企業診断士を目指したのかを話す前に、まずは、簡単に自己紹介をしておきたい。

私はアサヒビールに入社後、すぐに北海道アサヒビールへ出向し、財務・経理部門を経験することになった。現在では、北海道支社・北海道工場となっているが、当時は、地元卸会社とアサヒビールが五〇％ずつ出資した子会社だった。

北海道アサヒビールの設立は、昭和三十九年。少し古い話になるが、大日本麦酒から、アサヒビールとサッポロビールに会社が分割された際、わが社は東日本の製造・営業拠点を失った。拠点を持たない中での北海道の市場開拓は、大変厳しい状況にあった。それを打破するために、わが社は、地元の卸会社と手を組み、道内の販売拡大を目指すことになったのだ。

北海道アサヒビールは小さいながらも、本社機能、製造・営業部門を備えていた。製造から販売まで、一つの会社の動きをすべて学ぶことができた当時を振り返ると、大変貴重な経験をさせていただいたと思う。

私の業務の中心は、主に財務関連だった。当時は、資金の調達・運用を一人で担当していた。今では考えられないほどの、貴重な経験を積むことができたと思う。その後、本社を経て、博多工場で総務部門として勤務し、生産計画業務以外の工場経理、人事勤労、庶務など、あらゆる業務を経験した。そして六年ほどの工場経験の後、再び本社勤務となり、現在に至っている。

話を元に戻す。博多工場から本社に戻り、生産部門に所属していた際、私にとって中小企業診断士を目指すきっかけとなった出来事があった。

当時、生産部門では、従来の業務改善活動をさらに飛躍させた「業務改革研究活動」が立ち上がったばかりで、私はその事務局を務めていた。今までとは異なる、飛躍した発想で業務の改革に取り組むことを目的に、従来にない研修プログラムを組み、実践するものだった。

その一つとして行ったのが、自分のキャリアデザインを考える研修である。テキストとして、『キャリアの教科書』（佐々木直彦著、ＰＨＰ研究所）が手渡され、各自が伊豆・修善寺の山中にテントを張り、一人きりで一晩を過ごすものだった。これは、自身を見つめ直すよいきっかけとなった。「自分のエンプロイアビリティはどうだろうか」、「外に出て通用する十分なスキルは、身についているだろうか」、「現状のまま、業務に邁進するだけで、自分は成長できるのだろうか」と、さまざまなことを考えさせられた。

私は当時、三十代後半だったが、「もう一度、一から勉強して自分を磨きたい」と強く思うようになった。そして、自分自身にもっとも向いていて、業務にも役立つ勉強は何かを調べてみた。

その頃の私は、会社経営に大きな興味を抱いていた。折しも、パナソニック社の中村社長（当時）の経営改革が進行中で、私は、V字回復までのプロセスに関するさまざまな記事や文献を読みあさる日々。そして、「経営について勉強できる資格はないだろうか」とたどり着いたのが、中小企業診断士だった。一次試験、二次試験、口述試験と、高く険しい道ではあるが、経済学から財務・会計、マーケティング、経営法務など、経営に関連する内容を幅広く学べる素晴らしい国家資格である。

こうして、私の中小企業診断士資格取得へのチャレンジが始まったのだが、四年という長期にわたってこの資格試験と向き合うことになるとは、想像もしていなかった。

私の試験対策〈一次試験編〉

読者の皆さんの参考になるかどうかはわからないが、私の行った試験対策を以下に紹介する。私は、一次試験合格までに三年を要した。初年度は、二〇〇五年。当時は科目合格制ではなく、一発勝負だった。自己採点ではあるが、赤点科目もなく、合格点に六点足りずに涙を飲んだ。自分なりに一生懸命やったつもりだったため、ショックは大きかった。

翌年までショックを引きずった私は、長期スランプに陥ってしまった。二〇〇六年は、科目合格制スタートの年。結果は、経営情報システム一科目のみの合格にとどまる。このふがいない結果が、私の心に火をつけた。三年目となる二〇〇七年、その他六科目を受験し、何とか合格することができた。

私は合格までに苦労した分、効率的な勉強方法をみつけるべく、試行錯誤を重ねた。私見ではあるが、皆さんには自己投資も兼ねて、受験校に通うことをおすすめしたい。

受験校は言うまでもなく、試験について研究を重ねている。テキストはもちろん、講義中のテストや模試などにも、試験対策のノウハウがたくさん詰まっている。初年度の私は、大規模なシステム開発プロジェクトにかかわっており、時間をつくるのが大変難しかったが、そのノウハウを得るために平日夜間コースに通って勉強した。

一年目は、今から考えると随分、回り道をしていたように思う。サブノートや単語帳、自分なりのノートをつくり、とにかく覚えることを中心とした勉強だった。しかし、それをつくることで満足感を得てしまい、最後のひと伸びを欠いてしまったのかもしれない。

二年目は、ここに記すほどの勉強をしていないため割愛する。当然、受験校にも通わず、独学を通した。勉強方法は一年目と同様で、結果も最悪となった。

そして迎えた三年目。再度受験校に通うべきかどうか、悩みに悩んだが、結果的には独学を選択した。プロジェクトが佳境に入り、とても平日に時間がとれる状況ではなかったことも、その一因だった。


とは言え、何も拠り所がない状況は厳しいため、家電量販店で販売していた中小企業診断士のソフトを購入し、取り組むことにした。また、今までの勉強方法も見直した。平日はほぼ、往復の電車内しか勉強時間を確保できなかったため、最小時間でどのように合格レベルまで到達できるかを研究したのだ。ひと言で言うと、アウトプット中心の勉強方法である。ポイントは五つあった。

一つ目は、いきなり受験校のテキストを解くのでなく、試験科目の全体像を理解するために、図が多く、理解の進みやすい市販書籍を購入して読むようにしたこと。重宝したのが、『図解雑学よくわかるシリーズ』(ナツメ社)である。特に経営法務や経済学、運営管理などでは、全体像の理解に大変役立った。

二つ目は、受験校のテキストを「暗記」するのでなく、「理解」するように努めること。「暗記したら、次のステップへ」というのでは効率が悪く、いつまでも先に進まない。そこで、暗記にこだわらず、理解・納得できたらどんどん次のステップへ進むことにした。ちなみに、テキストを声に出して読むと、黙読よりもはるかに記憶に残り、非常に効果的である。

三つ目は、暗記のためのノートや単語帳、サブノートなどのツールをいっさいつくらないこと。その代わりに、一問でも多く問題を解くことを心がけた。

四つ目は、過去問を暗記できるくらい、くり返し解くこと。「同じ過去問題ばかり解いていて、飽きませんか?」という声もあるが、過去問ほどの良問はない。また、過去問を解くメリットは、自分の勉強が十分でなかった部分が出題された際、解答のにおいがわかるようになることである。においとは、「何となくでも、誤っている選択肢を見抜く力」のこと。言葉では表現しにくいが、この力こそが、合格のボーダーラインを超える大きな力になると思う。

ちなみに私は、常にカバンの中に過去問集を入れ、必ず往復の電車内で解くようにしていた。このように、すき間時間も最大限活用することが重要である。

なお、過去問を解くポイントは、一回目に解く際は自分で考えて解かないこと。問題を熟読したらすぐに解説を読み、解答を確認するのがよいだろう。これは、問題を理解するとともに、正解を導くためのプロセスを理解・納得するためである。もちろん二回目以降は、自分で考えて解く。また、経営法務と中小企業経営・中小企業政策については、改正されることもあるため、試験範囲の最新情報確認にも留意したい。

五つ目は、可能な限り、模試を受験すること。自宅受験でも構わないので、最低でも二つの受験校の模試を受けることをおすすめする。直前期に自身のポジションや弱点を確認できるうえ、本番で類似問題が出たらラッキーである。

私は、最終的には六年分の過去問を七、八回解いて、一次試験本番を迎えた。

一次試験は、二日間にわたり、七科目が行われる長丁場である。頭は非常に疲れ、体力もかなり消耗する。そんな中、大切なのは、試験終了の合図があるまで決してあきらめないことと、たとえ出来が悪い科目があっても気持ちを切り替え、次の科目に全力を尽くすことだろう。

最後に受験戦略について。私は、全教科を一度に受験するほうがよいと考えている。仮に赤点がなかったとして、受験科目数が多いほど、点数の凸凹の許容範囲が広がるためである。

たとえば、合格していない科目が残り二つだとする。しかし、その二科目で合格点をとるには合計一二〇点以上が必要となり、リスクも高く、厳しいだろう。得意科目が残ればよいが、たいていはそうではないだろうから、合格の確率はさらに下がってしまう。ただ、科目合格でステップアップしていきたい方には、一年目は二次試験と関連の薄い経済学、経営法務、経営情報システム、中小企業経営・中小企業政策を、二年目は二次試験とも密接に関連する財務・会計、企業経営理論、運営管理を受験することをおすすめする。

私の試験対策〈二次試験編〉

一次試験にようやく三年目で合格した私だったが、二次試験のストレート合格は逃してしまう。再度の挫折である。

一次試験の終了後、二次試験までは二ヵ月ちょっとしかない。どのような勉強をしたらよいかわからないまま、本番を迎えることになってしまった。一次試験同様、過去問は五年分を解いていたので、一応すべて記述することはできたが、やはり不合格。得意の事例Ⅲ・ⅣがA判定だったのは救いだが、しばらくは精神的に落ち込み、すぐには勉強を再開できなかった。

さて、不合格となり、これからどうするか。次回までは一次試験を免除される。ただし、二次試験に落ちたら再度、一次試験に合格しなければならない。一次試験を再度受けることも考えたが、「逃げ道をつくるのはやめよう」と、これを最後のチャンスとすることを決意。二次試験のみに照準を合わせ、後がない状況へ自分を追い込むことにした。その代わり、「やるだけのことはやったので悔いはない、と本番前日に言えるまで、とことんやってやろう」という意気込みで挑むことにした。

二次試験は、受験校の通信教育を受講した。ただ、内容には不満もあった。二次試験に関連する一次試験の復習から始まり、ひたすら問題に解答し、解説を受けるくり返しだったのだ。肝心な二次試験の解き方、つまり八十分間の戦い方については、誰も教えてくれなかった。いや、本来は教えてもらうものではないのかもしれないが…。

このように、戦い方すら固まっていなかったため、模試の結果は散々だった。合否判定は、C判定かD判定。さすがに私もへこんだ。しかし、さまざまな書籍を読み、さまざまなタイプの先生の講義を受ける中で、後述する「ＳＡＩＴＯメソッド」を確立する。これによって、どのような問題が出題されても、自信を持って解答できるようになった。

二次試験についてはやはり、「自分の型＝解き方を持っているかどうか」が最大のポイントになると思う。それが確立できていないと、ただでさえ緊張する本番で、まして初めてみる問題に冷静に対応することは、きわめて難しいだろう。以下に、「ＳＡＩＴＯメソッド」について簡単に述べる。

私は、二次試験についても一次試験同様、過去問のみを解いた。ただし、後から何度もくり返し解けるように、平成十四年の二次試験以降、事例Ⅰ～Ⅳまでのすべてをパソコンで入力し、オリジナルの問題用紙と解答用紙を作成した。解答にあたっては、各受験校から市販されている書籍も参考にしたが、個人的にもっともしっくりくる解答が記述されていたのは、『中小企業診断士2次試験事例攻略のセオリー』(村井信行著、DAI-X出版)だった。

一方で、「まずは敵を知る」という観点から、各事例の設問内容を整理し、一覧表を作成した。どの年度に、どのような内容で、どのような問題が出題されているか、自分なりに分類・分析を行ったのだ。書籍に頼ることなく、自分で考え、整理したことは、二次試験対策を進めるうえで大変有効だったように思う。

紙幅の都合上、「SAITOメソッド」についてはさわりのみのご紹介となってしまったが、以下に、私が二次試験の八十分間をどのように戦ったか、そのノウハウをタイムスケジュールに沿ってご紹介したい。

まずは、事例Ⅰ～Ⅲから述べる。

①問題用紙の外側のページをホチキス止めから外し、Ａ３無地のメモ用紙を確保する
②①のメモ用紙に、マトリクスを図示する（**図表**参照）

図表

第１問	第４問	
第２問	第５問	
	方向性	
第３問	市場機会	強み
	ターゲット	差別化

③問題を読み、問われていること、必ず解答しなければならないこと、解答するにあたって留意することを、自分の言葉でメモ欄に記入する。実際に自分の手を動かしてメモすることで、頭の中により強くイメージを残せる。また、後で与件文を読む際にも大きなアドバンテージとなる

④問題は五色の色鉛筆でマークする。たとえば第一問は青、第二問は黄色といった具合である

⑤一回目の与件文読みを行う。この際、オレンジの蛍光ペンを使用し、事例企業の問題点や課題と思われる箇所を波線でマークする。また、その企業の方向性について記述されている部分（たとえば社長のコメントや、事例企業の今後の対応が記述されている部分など）を太く塗りつぶす

⑥⑤の結果として、メモ欄に簡単にその企業の方向性をメモする

⑦問題を再度読み、確認する

⑧続いて、二回目の与件文読みを行う。色鉛筆で、第一問に関連すると思われる箇所に、青でアンダーラインを引く。他の設問と関連する部分についても、同様に色分けを行う。与件文の同じ箇所で二、三色になる場合もあるが、気にしない。この作業によって、たとえば第二問を解こうとする場合は、その設問に関連する与件文に黄色のアンダーラインが引かれているため、視覚的にもモレなく該当箇所をすぐに探し出せる

⑨メモ欄に、問題の解答イメージを記述する作業に入る

⑩設問は、大きく二つのタイプに分かれる。一つ目は、「過去に対する問い」。この場合、難易度は低くなる。与件文や問題のキーワードをヌケ・モレなく抽出し、問われていることに忠実に解答すれば、それで足りるからである。二つ目は、「事例企業の将来に対する問い」。この場合は、難易度が飛躍的に高くなるが、恐れることはない。なぜなら、解答のヒントは必ず、与件文や問題に記述されているからである。多くの受験校の解答でみられる「どうしたら、そのような解答が書けるのか」といった「与件文や問題に記述のない、受験生の想像の世界の助言」は、いっさい必要ない。むしろ、記述すると減点されるのではないかと考えている。あくまでも、⑤で塗りつぶした、その企業の方向性を重視した解答をする。それでも困ったら、メモ用紙のマトリクスで整理した「市場機会と強み」、「ターゲットと差別化」の切り口から整理すれば、必ず解答にたどり着ける

⑪以上の解答のイメージを、メモ欄にすべて記述する。ここまでで、四十分程度を要する

⑫⑪の解答イメージをもとに、制限字数に応じて解答を記述していく。この際、必ず問題の配点を確認すること。配点の高い順に記述していくのがポイントである

⑬最後の五分程度で誤字・脱字を確認したら、完了となる。制限字数に足りなくても、気にしない。勝負が決まるのは、記述内容である

事例Ⅳには独特の解き方があるため、以下にご紹介する。

ちなみに二次試験の合否は、この財務・会計の出来がすべてと言っても過言ではない。しかし、重要な科目である一方、しっかりと勉強を積めば、必ず高得点を狙える科目でもある。過去問を何度もくり返し解くことを、強くおすすめしたい。

①第一問は、経営分析の問題となる。配点が高いため、ここでの取りこぼしはほぼ許されない。しかし、恐れる必要はない。なぜなら、用いるべき経営指標として何が適しているかはすべて、与件文や問題、決算資料にオーラが出ているからである。たとえば、安全性に問題のある事例企業であれば、「借入金が多い」など、そのままの記述が与件文にある場合もある。あるいは、貸借対照表から、明らかに短期的な資金繰りに窮している状況がみてとれるケースも多い。与件文や問題、決算資料にあるヒントにいかに気づくかが最大のポイントになる

②第二問以降は、与件文とは離れた世界の計算問題である。問題の表現はそれぞれ難しいものの、根本的にはパターン化されている。たとえば、オプション取引の問題や、損益分岐点分析の問題というくくりで分類すれば、同じパターンのものが複数回出題されていることに気づくだろう。そういう意味からも特に事例Ⅳは、過去問をくり返し解くことにより、パターン別で即座に対応できるようにすることが重要である

二次試験については、事例Ⅰ＝組織・人事、事例Ⅱ＝マーケティング、事例Ⅲ＝生産管理となっているが、それにまつわるものを必ず解答として盛り込むことは、特に意識しなくてよいと思う。問題に対し、いかに素直に、与件文や問題に記述されている言葉を最大限に使って解答を完成させるかが勝負である。私は、二次試験も過去問に始まり、過去問に終わるものと思っている。

私の試験対策〈口述試験編〉

受験四年目で、ようやく二次試験の合格通知をいただいた私は、口述試験を受けることになった。これは、三人の面接官に対し、受験生一人の面接試験である。ここでのポイントは、二つある。

一つ目は、合格した年の事例Ⅰ～Ⅳについて、与件文の内容、問題とその解答を、できるだけ正確に記憶することである。面接会場で何もみることが許されない中、事例に対する質問を受け、それに対する答えを求められるからである。

二つ目は、各受験校で、二次試験の解答解説と口述試験対策の模擬面接講座を受講し、本番に備えることである。ただし、口述試験で落とされる人は、ほぼ皆無である。落ち着いて、面接官から聞かれたことに自分の言葉で素直に答えることが重要だろう。

社内研修でモチベーションアップ

私が、二次試験に特化して勉強していた二〇〇八年、社内の中小企業診断士有資格者による「アサヒビールグループ診断士の会」が設立された。そんな折、社内の選択型研修（希望者が自ら手を挙げて受講する研修制度）の一つとして、初めて中小企業診断士講座が開催された。しかも、講師は社内の有資格者だという。当時は、「ＳＡＩＴＯメソッド」の確立前で、二次試験合格のための解決策をぜひともこの機会に得たかったこと、さらには上司のすすめもあり、受講することにした。

研修は、同年六月十三日午後～翌十四日昼までの一泊二日、葉山研修センターで行われた。二十名の受講生は、すでに受験を経験した者、これから受験を考えている者などさまざまだったが、驚いたのは、受講生全員が、勉強によって自身のスキルアップを図っていきたいという強い思いを抱いていることだった。これには私自身、大きな刺激を受けた。

前述のとおり、講師はすべて中小企業診断士であり、会のメンバーである。試験の概要に始まり、一次試験を中心とした受験対策、合格までの苦労話や、資格を業務にどのように活かしているかといった実務的な面までご教示いただいた。

中小企業診断士という資格の魅力は、私が想像した以上で、研修を通じ、「どうしても合格したい」という思いを再認識することができた。この研修のおかげで、強いモチベーションを維持したまま、本番まで毎日を大切に過ごせたのだと思う。主催していただいた人事部の方、会のメンバーには深く感謝したい。この研修がなかったら、私の合格もなかったかもしれないと思うほど、充実した二日間だった。特に一日目の懇親会は、同じ目標に向かうメンバーとお酒を飲みながらさまざまなコミュニケーションを図ることができ、とても有意義だった。

ちなみに、この選択型研修は今年も行われ、今度は私が講師の立場になった。受講生の皆さんに資格の魅力を精一杯アピールすることで、一人でも多くの中小企業診断士が社内に誕生する一助となれれば、嬉しく思う。

資格を業務に活かす

私は、生産部門や工場勤務が長かったが、三年前に現在の業務システム部に異動し、現在に至っている。業務システム部の部門使命は、以下の二点である。

①業務の品質およびプロセスに関する課題を発掘し、その解決のための取組みを推進すること
②ＩＴ戦略を立案・推進するとともに、課題解決の手段としてのシステム構築をサポートすること

業務システム部は、グループ本社の位置づけで、私は、グループ全体の生産・研究部門の業務改革とシステム構築を担当している。業務システム部への人事異動は想定していなかったが、中小企業診断士の一次試験科目である「経営情報システム」の勉強が大変役立っている。もし、この科目を学んでいなかったとしたら、業務上の会話は「宇宙語」だったに違いない。

もっとも、「言葉の意味を理解する」ことは最低限の条件で、私の最大のミッションは、業務の品質およびプロセスに関する課題を発見し、その解決策を提案することにある。まさに、二次試験や実務補習で学んだことそのものだ。

日常業務は往々にして、当事者がその問題点や課題に気づくことが少ないように思う。そんな中でも、担当者に業務の流れや実際の作業のヒアリングを行うことにより、論理的に問題点や課題を抽出し、解決策を考えて提案しなければならないのだが、ここでも中小企業診断士の勉強で培った思考プロセスが活かされていることを、つくづく感じる。

たとえば、ＩＴによるサポートが必要な場合は、ベースとなる知識があるため、どのような

ソフトがもっとも優れているか、最適なシステム構成は何かを視野に入れて考えられる。また、システム投資には大きな金額を伴うことが多いが、導入にあたる費用対コストの算出についても、財務・会計で学んだＮＰＶの知識を活用し、投資採算をみることができるのだ。

このように、中小企業診断士の勉強で学んだことは、ビジネスマンである以上、今後もあらゆる局面で必要となる。そう考えると、資格取得までのプロセスで苦労を重ねてきた方々は、大きな強みを手に入れたことになるとも言えるだろう。

成功事例に学ぶ

実務補習を終え、私は経済産業大臣より、晴れて中小企業診断士登録証を交付された。今までの苦労が報われ、感慨深いものがある。そして私は、中小企業診断協会の登録会員となった。

実は、私が中小企業診断士を目指したもう一つのきっかけは、社外の方とのネットワークを構築することにあった。私の努力不足かもしれないが、会社勤めの毎日では、利害関係を抜きにした出会いや交流の機会には、なかなか恵まれない。そうした状況を打破し、社外の方と交流を深めることで、見聞を広げたいという思いもあった。それを叶えてくれたのが、中小企業診断士資格でもある。

現在、私は、中小企業診断協会千葉県支部に所属している。そして、二〇〇九年に千葉県支部に登録したメンバー八名で、「元気の出る企業好事例研究会」を立ち上げ、月に一度ほど会合を開いている。この会の目的は、千葉県内で高い業績を上げている元気な中小企業の代表者にインタビューをさせていただき、その成功事例を分析するとともに、該当する業界分析も行い、今後の企業診断に活かしていくことにある。

ちなみに、この一年間で七社の製造業の代表者にインタビューを行ったが、その中で、会社を経営することがどれほど大変かを肌で感じることができた。競合他社、特に大手との差別化を図り、生き残っていく術を日々考え、実行されている姿には深く感銘を受け、自分にはまだまだ努力が足りないことも痛感した。私にとって、非常に貴重な経験だったと思う。

今年は、サービス業の代表者にインタビューをさせていただく予定である。これからも日々、貪欲に学んでいきたい。

profile

齋藤　宏樹〈さいとう　ひろき〉

埼玉県出身。法政大学工学部卒後、一九九一年アサヒビール（株）に入社。北海道アサヒビールへ出向後、北海道工場総務部、会計部、博多工場総務部、生産部、生産企画部を経て、現部門へ。学生時代は水泳に没頭。当時の体型は逆三角形だったが、現在は無残にも三角形の体型へと大変貌を遂げている。三児の父親。

第2章

資格の業務への活かし方

一・商品開発ストーリー1

アサヒ飲料（株）マーケティング本部　商品戦略部　松橋　裕介

「脂、はねてます」

「脂、はねてます」。社内のイントラネット上でこの言葉を目にしたとき、私の心は躍った。「脂」とは、二〇〇九年十一月に発売した新商品、「食事の脂にこの１本。（ＰＥＴ４９０ｍｌ）」（２Ｌの商品名は、「食事の脂にこの１杯。」）のことである。「烏龍茶とプーアル茶をブレンドした、脂っこい食事にぴったりの中国茶」というコンセプトで発売したこの商品の開発に、私はコンセプト立案の段階から従事してきた。非常に思い入れのあるこの商品が、市場で好評を博しているというのだ。

アサヒビール・アサヒ飲料・アサヒドラフトマーケティングの社内では、イントラネット上で営業部門からの情報を閲覧できる。商品や販促の成功事例に加え、提案・要望なども全国から寄せられる。そこに、「食事の脂にこの1本。」の好調情報が、続々と届いているのだ。「並べる先から、売れていきます」、「チラシに入れたら、すぐ売りきれた」

お客様からご好評をいただく兆候は、発売前からあった。私たちは当初、この商品を「スポット商品」として位置づけ、短期間での販売を予定し、４９０ｍｌのパーソナル容器のみでの展開を計画していた。しかし、この商品名とパッケージに、社内の量販店様担当部門の営業担当者が興味を抱いた。「量販店で十一月末～年末にかけて販売するのであれば、２Ｌも販売してはどうか」との意見が寄せられ、急遽対応したのだ。

社内でこうした高評価を得た商品は、積極的に流通企業へ紹介されることとなる。通常は、商品発売の約三ヵ月ほど前から、プレゼンテーションとして流通企業へ商品を紹介していくが、この段階ですでに、流通企業のバイヤーから高評価を得ていた。商品のコンセプトは、しっかり伝わった。あとは、お客様に評価をいただけるか、美味しいと感じていただけるか、また飲みたいと思っていただけるか。

そんな私の不安を払拭してくれたのは、「量販店で試飲会を実施したい」という声だった。「この商品コンセプトはとてもわかりやすいため、味を知っていただければ必ず売れる」というのだ。即座に反応し、首都圏百五十店舗で試飲会を実施することにした。

一度動き出した社内は、他部門を巻き込み、さらに大きな動きをみせていた。今度は、マーケティング部（現・商品戦略部）の制作チームに、販促品の制作依頼が入ったのだ。もちろん、通常のスポット商品であれば、ポスターやリーフレットのような販促品は作成しない。しかし、「食事の脂にこの1本。」では、店頭にTV画面を設置して放映できるDVDを作成した。当然、費用もかかるが、この商品への期待が各部門で高まり始めていた。

それに伴い、販売チャネルも広がっていった。当社の通信販売を担う部門が、「健康志向の強いお客様が多く登録している」という当社のインターネット通販の特徴を鑑み、案内・販売を開始したのだ。

着実に、お客様の手元に届いている──私がそう感じたのは、横浜の実家に帰ったときだった。私は基本的に、両親には仕事の内容を詳しく話していない。

実家に帰ると、母親からひと言。「アサヒから、こんなお茶が出ていたわよ。試飲会をやっていたから、買ってみたんだけど…」

母さん。それは、あなたの息子がつくりました。

中小企業診断士資格取得が、マーケッターへの扉を開いた

「食事の脂にこの1本。」を開発し、ヒットに結びつけられたことと、私が中小企業診断士資格を取得したことは、深く関係している。

私が中小企業診断士を志したのは、アサヒビールに入社して六年目の春のこと。当時の私は、大阪で営業を担当していた。五年目の秋から、府内でも有数の大手業務用酒販店を担当させてもらえるようになり、営業としてさらなる飛躍を期していた頃だった。

私の主な営業先は、飲食店だった。アサヒビールを扱っていただいている飲食店への商品提案や、競合メーカーのビールを扱う飲食店へのさまざまなご提案で売上を増やすことが、主な業務である。そのため、私が実際に商談をする相手は、飲食店の経営者が多かった。だが、経営者に対して提案を行うには、出店戦略やメニュー提案など経営に関する知識が必要なことを、痛感し始めていた。

それまでの私は、できるだけ得意先に顔を出し、冷蔵庫の修理依頼やジョッキの補充手配をするなど、いわば御用聞き的な営業スタイルだった。しかし競合他社では、販促や顧客獲得の提案など売上に関する提案を行う営業担当者や、外食企業に対してチームコンサルティングを行う営業担当者が増えつつあった。私自身を取り巻く競争環境の変化は、単に商品を売るだけ

でなく、得意先全体のあるべき姿を提案できる営業担当者への変革の重要性を示していた。

そんな折、同期入社の社員が、中小企業診断士資格に挑戦することを聞いた。名前しか知らないこの資格だったが、将来、飲食店コンサルタントを目指すという同期に聞くと、それはまさしく、私がこれからの営業に必要と考えている知識が得られるものだった。

当時の私は、日本ソムリエ協会のワインアドバイザーの試験勉強をしていたこともあり、週末に図書館に通うのが習慣となっていた。せっかく身についたこの習慣を続けるためにも、この資格に挑戦してみようという意欲が芽生えた。

私はさっそく受験校の対策講座に申し込み、毎週末、通学することにした。学ぶことはすべて、「目からウロコ」のことばかり。学習効果はすぐに表れ、得意先の飲食店チェーン経営者に対して、店舗運営の効率化、コスト削減、出店へのアドバイスなどを、経営的観点から伝えられるようになった。そして得意先からの信頼が得られたことで、営業としての自信もつき始めた。

一次試験合格後、東京へ転勤となった私は、営業として渋谷区を担当するかたわら、二次試験の勉強を続けた。そして翌年、無事合格。実務補習を経て、晴れて中小企業診断士として登録した。

営業から商品開発へ

中小企業診断士資格を取得したことで、営業活動でも酒販店や飲食店の経営相談に乗れるようになった。商品を語るだけでなく、売上対策、人事労務面（この点に関する相談が多かったのは驚きだった）などでも話せることで、経営者とのパイプが強くなったように感じた。営業として、これからさらに活躍できる。そうも思った。だが同時に、顧客に対するアドバイスだけでなく、私自身が社内でさらに経営に近い仕事をしたい、とも思い始めた。

せっかく努力して取った資格である。勉強の過程で得た知識を発揮できる仕事をしたいと考えたが、果たして経営に近い仕事とは何か。自分なりに考えた結果、メーカーに勤務する私が携われる中では、やはり商品開発だという結論に達した。

幸いなことに当時、商品開発研修への参加者を募集していた。また、上司が私の思いを知り、過去にその研修を経て商品開発部へ異動になった事例、さらには、その担当者が開発した商品が市場で好評を博している雑誌記事をみせてくれた。

私はさっそくこの研修に申し込んだ。そして、中小企業診断士の勉強過程で学んだ戦略スキームなどを活用したプレゼンが功を奏したのか、同年九月からアサヒ飲料マーケティング部で、お茶の商品開発に携わることとなった。

商品開発に活きる「診断士脳」

「いざ、商品開発担当者だ」と意気込んではみたものの、やはり机上の勉強と実践ではまるで違い、着任当時は目を白黒させる日々が続いた。しかし、上司や先輩に教えてもらうにつれ、「これは、勉強したことがあるな…」と思うことも出てきた。

実際に、中小企業診断士の勉強を通じて学んだことが商品開発に活きる場面は、多々ある。その一部をご紹介したい。

まずは、中小企業診断士的発想と収束法である。

商品開発にあたっては、最初にアイデアフラッシュを行うことが多い。たとえば、「食事の脂にこの1本。」の開発に先立ち、私に与えられたミッションは、「当社の強みを活かして、通年販売できる中国茶を開発すること」だった。

どのような中国茶に魅力があるか、アイデアを拡散させる。その後、実現性を加味していくつかのアイデアにまとめていくのだが、その際に利用できるのが、「親和図法」である。これは、一次試験科目「運営管理」で学習する「新QC七つ道具」の一つで、川喜田二郎氏が考案したKJ法に起因する問題解決手法だ。

方法としては、ブレインストーミング、アイデアフラッシュなどで得たアイデアを、一つずつカードに書く。ちなみに私は、少し大きめの付箋を使う。次に、出されたアイデア同士の親和性に基づき、グループ化していく。これにより、混沌としているアイデアを、いくつかの系統に整理することが可能となる。

この手法により、開発初期段階で「新しい中国を感じる中国茶」や「持っていてかっこいい中国茶」、「飲用シーンを訴求した中国茶」など、いくつかの大きな方向性に絞ることができた。そして、これらの案から二つを選んでパッケージ開発に着手し、最終的には飲用シーンをわかりやすく訴求した中国茶として、「食事の脂にこの1本。」という商品名を決定。同時に、「脂っこい食事にぴったり」という飲用シーンを訴求すべく、パッケージには写真を採用することになった。

次に、中小企業診断士的思考法である。

商品開発担当者は通常、その商品の商談用シートを作成する。ここには、中小企業診断士の勉強過程で鍛えられた「戦略フロー」が活きた。

中小企業診断士の二次試験では、環境分析→全体戦略の立案、ドメイン作成→個別の経営課題の抽出と改善提案、という思考プロセスを経て、解答をまとめていく。そこに矛盾があってはならないし、経営課題の抽出モレや、設問間での解答主旨の重複も許されない。

私は、二回目の挑戦で二次試験合格を果たしたが、この「解答の論理的一貫性」にもっとも苦労した。もともとが営業だった私は、「論理的思考」よりも「目利き」、「鼻利き」を重んじてきた。しかし、二年間にわたって戦略フローに基づいた一貫性ある答案をつくる訓練をしてきたことで、少しずつ身についてきた「論理的一貫性」が、商品開発担当者となり、商談用シートを作成する際に求められたのだ。

商談用シートは、必ず3Cの視点での分析から始まる。3Cとは、自社（Ｃｏｍｐａｎｙ）、競合（Ｃｏｍｐｅｔｉｔｏｒ）、顧客（Ｃｕｓｔｏｍｅｒ）の頭文字をとったもので、中小企業診断士の勉強はもとより、大学の経営学でも必ず出てくる。この環境分析を踏まえ、商品のドメインを策定していく。ドメインは、「誰に、何を、どのように」で考えるとされており、ターゲット、コンセプト、ポジショニングを定めていく。さらに、具体的な商品開発の着眼点などを記述し、最終的には商品戦略を4Pで説明していく。ちなみに4Pとは、Ｐｒｏｄｕｃｔ（商品）、Ｐｒｉｃｅ（価格）、Ｐｌａｃｅ（販売チャネル）、Ｐｒｏｍｏｔｉｏｎ（販売促進）のことである。

こうして構成された商談用シートは、全体が一貫したものでなくてはならない。論理的矛盾がなく、全体としてまとまっていることはもとより、一語一句の表現に至るまで一貫性をとらなくてはならない。この考え方は、二次試験対策で行ってきたこととまったく同じである。

このようにして進められる商品開発だが、ときとして、開発期間は半年以上にも及ぶ。大きなブランドであれば、一年以上前から次の戦略を立案していくが、ここで重要になるのが、中小企業診断士的管理法である。

長い開発工程の全体を管理するために利用できるのが、「生産統制」の考え方だろう。生産統制とは主に、生産管理の中でも作業統制に分類される管理手法で、作業の進捗状況や部品の在庫状況、工程の稼働状況を管理する。これは主として、受注生産における日程管理や納期確保のために利用されるもので、商品開発は商品の発売日という納期を見据えた業務であることからも、非常に有効な管理手法である。

さらに商品開発は、実際に中身を開発する研究所やパッケージデザイナー、原料調達を行う購買部や生産部などと調整しながら業務を進めていくことが重要になる。つまり、他部署も巻き込んだ、全体最適の視点での工程管理が求められるのだ。関連各部の持つ情報を集約しながら進めていくためにも、ここで述べた工程管理手法としての生産統制の考え方が有効である。

ちなみに、商品開発における進捗情報管理とは、全体スケジュールの中で遅れが生じていないかを把握し、適宜調整・管理していくことである。そのために、商品開発着手の段階から発売までのスケジュールを、あらかじめ作成しておくのだ。

その後、このスケジュールに合わせて開発を進めていくが、当然すべてが思いどおりにはいかない。発売前には、パッケージや中身の受容性を確かめるために必ず消費者調査を行うが、その結果が悪ければ修正する必要があるし、お客様に誤認を与えかねない表現の確認に時間を要することもある。そのようなときは、柔軟にスケジュールを変更しつつ、他工程に影響を与えないよう、それぞれを迅速に判断する必要がある。

また、商品開発における余力情報管理とは、発売までのスケジュールの中で、パッケージの修正や変更、中身のブラッシュアップ、営業用見本の製造などを行っていく余裕があるかどうかを管理することである。

私たち商品開発担当者は、商品がお客様に支持していただけるよう、最後の最後まで検討・工夫を重ねていく。しかし、先にも述べたとおり、他部門や取引先と協働で作業を進めるため、検討結果を反映できるかどうかの判断が必要となる。実際に、他部門の工数が増えてしまうことも多々あるし、彼らの業務全体にも配慮しながら進めていく必要がある。

これは、営業時代にはとても考えられなかった管理である。おそらく、中小企業診断士の「生産管理」を学んでいなければ、このような視点は持てなかっただろう。

そして、商品開発における現品情報管理とは、原料や資材の在庫状況を把握し、納品遅れや原料・資材残を防ぐために行う管理である。

「食事の脂にこの1本。」は中国茶であるため、原料の烏龍茶とプーアル茶は中国からの調達となるが、調達時間が通常の緑茶よりもかかることから、在庫状況を常に確認しなくてはならない。過剰な調達は大きな余剰在庫を生み、会社の収益を圧迫しかねないため、営業部門からの販売・キャンペーン情報などから需要予測を立て、随時調整する必要があるのだ。私たち商品開発担当者は、発売後も原料の状況をみつつ、当初予測した利益が生み出せるかどうかを確認している。

このように、中小企業診断士の勉強過程で身につけた知識は、商品開発担当者としての私の業務に大きく活かされている。わが社は製造業であるため、「運営管理」に関する内容が多いが、他の科目で学んだポイントもしっかり活かせているように思う。

ヒット、その後

「食事の脂にこの1本。」が好調という情報は、年末に向けて売上を稼ぎたい現場を元気づけた。私の経験上も、営業が盛り上がるのは、商品が売れているときである。よい情報が全国に回り、成功事例が水平展開される。ヒットの効果は、全社に広がっていった。

中でも私が嬉しかったのは、「この商品を現場から育てよう」という声が上がったことだ。私たち商品開発担当者は、直接お客様に語りかけることはできない。だからこそ、商品に対する熱い思いを、パッケージや中身、プレゼンシートに詰め込んでいる。そしてその思いを伝えてくれるのは、営業担当者の言葉によるプレゼンテーションである。「現場から育てよう」＝「自分たちがつくった商品としてプレゼンテーションしよう」という意図の表れであると、私は感じた。全国で営業に飛び回る彼らと、思いを共有できた瞬間だった。

この情報は、すぐに他のグループ会社にも伝わった。真っ先に目をつけたのが、アサヒビールの外食営業部隊である。居酒屋チェーンや焼肉チェーンを展開する外食企業へアプローチを始めたのだ。その結果、全国展開する居酒屋チェーンや餃子チェーン、ラーメンチェーンなどの取り扱いが、続々と決まっていった。さらに、紙パック容器を取り扱うエルビー東京も興味を示し、２５０ｍｌの紙パック容器での展開も決定した。

一つの商品が一つの企業を元気にし、その影響がグループにまで波及していく。商品開発担当者冥利に尽きる今回のストーリーだが、その裏にあるのは、「中小企業診断士的」な仕事の進め方だった。こうした大きな仕事に携われるのも、企業内診断士ならではのことだろう。

商品開発担当者からブランド担当者へ

「食事の脂にこの1本。」の開発を経て、私は二〇〇九年九月、「十六茶」の担当となった。十六茶と言えば、発売十八年目を迎えるアサヒ飲料の基幹ブランドの一つである。前任者から引き継ぎ、二〇一〇年二月にリニューアルした本商品の発表会に臨むにあたっては、「アサヒビールグループ診断士の会」でお世話になった久野梨沙氏より、当日のコーディネートのアドバイスをいただくという嬉しいご縁もあった。

しかし、全社に対する売上の貢献度も大きくなり、なおさら失敗は許されなくなる。今後、中小企業診断士として得たものが、さらに問われるだろう。これからも日々、研鑽を続けていきたいと思う。

独立を志す企業内診断士へ

中小企業診断士、またはそれを目指す者であれば、必ず考えることがある。「独立」である。私自身も考えたことがある。しかし、私は独立しなかったし、今後も企業内診断士として生きていくつもりである。

もちろん、独立をおすすめしないというわけではない。「独立診断士として活躍したい」という方は、ぜひ独立していただいたらよいだろうし、実際に独立診断士の皆さんには、魅力ある方が多いとも感じている。

ただ、ここで私が伝えたいのは、「企業内診断士でなければ、できないことがある」ということである。ご自身の社内を見渡してほしい。周りには、中小企業診断士として改善提案できることが必ずある。そこに、中小企業診断士の勉強過程で得た知識を、ぜひ活用してほしい。

そしてどうか、「転職」してほしい。「転職」とは、今の会社を辞めて他の会社へ行くという意味ではない。中小企業診断士の知識を武器に、「職を転じる」のである。私が営業職から開発職に転じたように、ご自身のステップアップとするべく、社内で「転職」してほしい。

私は、日本の企業が企業内診断士を原動力に世界で大きく羽ばたくことを、願っている。

profile

松橋　裕介〈まつはし　ゆうすけ〉

一九七六年生まれ。一九九九年早稲田大学第一文学部卒後、アサヒビール（株）に入社。大阪、東京での営業を経て、二〇〇八年九月より現職。同年四月中小企業診断士登録。日本ソムリエ協会認定ワインアドバイザー。「お客様と感動をわかちあえるような商品開発を目指します！」

二 リテール・サポート奮闘記

量販統括部 金田 政寿

「ついに、このときがきたか…」

「皆様に報告があります。今年から、ビール類のカテゴリーキャプテンを、アサヒビールさんにお任せすることとなりました。アサヒビールさん、どうぞよろしくお願いします」

スーパーのYチェーンの常務からその言葉をいただいたのは、二〇〇八年一月のこと。食品メーカー四十社ほどが集まる総括会議の場だった。参加していた営業の金子とサポートスタッフの渡部は、「ついに、このときがきたか…」と思うと同時に、ここまでの長い道のりを思い出していた。

話を続ける前に、私の業務内容を紹介したい。私は二〇〇五年十月、本社内に新しく発足した営業開発部リテールサポートグループに配属された。このグループは、全国の主要な組織小売業とアサヒビールとの取組み強化（社内では「パートナー化」と呼ぶ）を推進し、私たちの量販市場における企業価値を高めることを目的に発足し、全国の量販営業部隊の支援や、得意先に提案するためのツール開発を手がけていた。

発足の背景としては、二〇〇一年に酒類の規制緩和が行われ、お酒を販売できる小売業が、従来のお酒専門店やお酒屋さんから、スーパーやコンビニといった組織小売業へ大きく移行していったことが大きい。競合他社でも少し前から、私たちリテールサポートグループと同様の部隊が立ち上がり、全国各地で小売業との取組みを進めていたのだ。そんな中、私は冒頭のYチェーンを担当する地区本部の本社窓口担当として、彼らをバックアップしていくことになった。

現場の営業部隊との目標は、Yチェーンとアサヒビールとの間で、パートナーシップを構築すること。具体的には、得意先上層部との人間関係を構築することと、ビール類のカテゴリーキャプテンを任されることだった。

ここで、カテゴリーキャプテンについて簡単に説明したいが、その前に、カテゴリーマネジメントという概念の説明が必要だろう。定義はさまざまあるが、わかりやすく説明すると、「メーカーと小売店が協力し、お客様の視点に立って、売場を構成するカテゴリーごとの商品群の品揃えや売り方を工夫し、売上高や利益を最大化する手法」と言えばよいだろうか。このカテゴリーマネジメントの取組みを小売側から任されたメーカーが、カテゴリーキャプテンメーカーと呼ばれる。カテゴリーキャプテンを任されることは、小売側からパートナーとして認められた証拠であり、競合他社との関係でも優位に立つことにつながるのだ。

私たちは、この立場を目指していくことにした。とは言え、このポジションは、そうそう簡単に獲得できるものではなかった。

成功までの長い道のり

カテゴリーキャプテンを任されるという目標を目指し、私たちは二〇〇五年の年末にかけて、数回の打ち合わせを行った。

もちろん、企業対企業の取組みを進めていくわけだから、「お願いします。はい、どうぞ」と簡単にいくわけもない。現場の営業やサポートスタッフ、上司である部長も交えて議論しながら、ストーリーを決めていく。先方も、窓口のバイヤーだけでなく、上司である商品部長、さらには常務商品本部長の了解もとらなければならない。そのためには、どうするか。

先方全員が参加して、私たちの提案を聞いていただける機会は、年に二回程度。メーカーの新商品や販促などの提案をする、いわゆるメーカープレゼンの場である。これは、酒類だけでなく、飲料、食品、日用雑貨メーカーや卸売業各社が、得意先の小売業に対し、「今年のわが社の方針は○○です」、「こんな商品を出します」、「このような企画を提案して、得意先の売上や利益アップに貢献します」などとプレゼンテーションするもの。私たちも、この場で思いを先方に伝え、提案するだけでなく成果につなげるために、当初掲げた目標に向けて動き始めた。

結果的に、成功までには三年の時間が費やされた。企業対企業の取組みを形にするにはやはり、非常に多くの時間が必要なのだ。

そして、冒頭に記したシーンが、私たちが目標を達成した瞬間である。ここに至るまでの紆余曲折については記述を控えるが、営業から知らせを聞いた私は、すぐに現場に飛んでメンバーをねぎらい、その感動をわかちあった。このときのことは、今でも私の財産の一つである。

では私たちは、得意先にどのような提案をしてきたのだろうか。実はここにこそ、中小企業診断士として学んできた知識や経験が活かされている。以下に、その具体的な内容を述べていく。

「お客様を知る」、「競合を知る」、「自社を知る」

再び時をさかのぼり、二〇〇五年の年末。私たちは、現場の担当者たちと、得意先への提案の方向性を議論してきた。年明け早々には、プレゼンが待っている。どのように提案していけばよいのだろうか。

最終的には、「ビール類の売場を任せてもらいたい」といった流れにしていくのだが、私を含め、メンバーにそのような提案をした経験はない。いきなり「売場を任せてください」と言ったところで、受け入れてもらえないことはわかっている。しかも、相手はバイヤーだけでなく、商品部長や常務商品本部長である。きちんとしたロジックで提案していかなければ、納得してもらえないだろう。

そんな中、提案ロジックを作成していくうえで役に立ったのが、中小企業診断士の勉強で学んだ、いくつかのフレームワークだった。

一番多く使った提案のフレームは、**図表1**である。「お客様を知る」、「競合を知る」、「自社を知る」。ここから売場のコンセプトを決め、提案につなげていこうとするものだ。

すでに資格を持つ方、もしくは少しでも中小企業診断士の勉強をした方ならおわかりだと思うが、いわゆる経営戦略で学ぶ「3C分析」を用いた提案フレームである。このフレームを用

図表１　提案フレーム

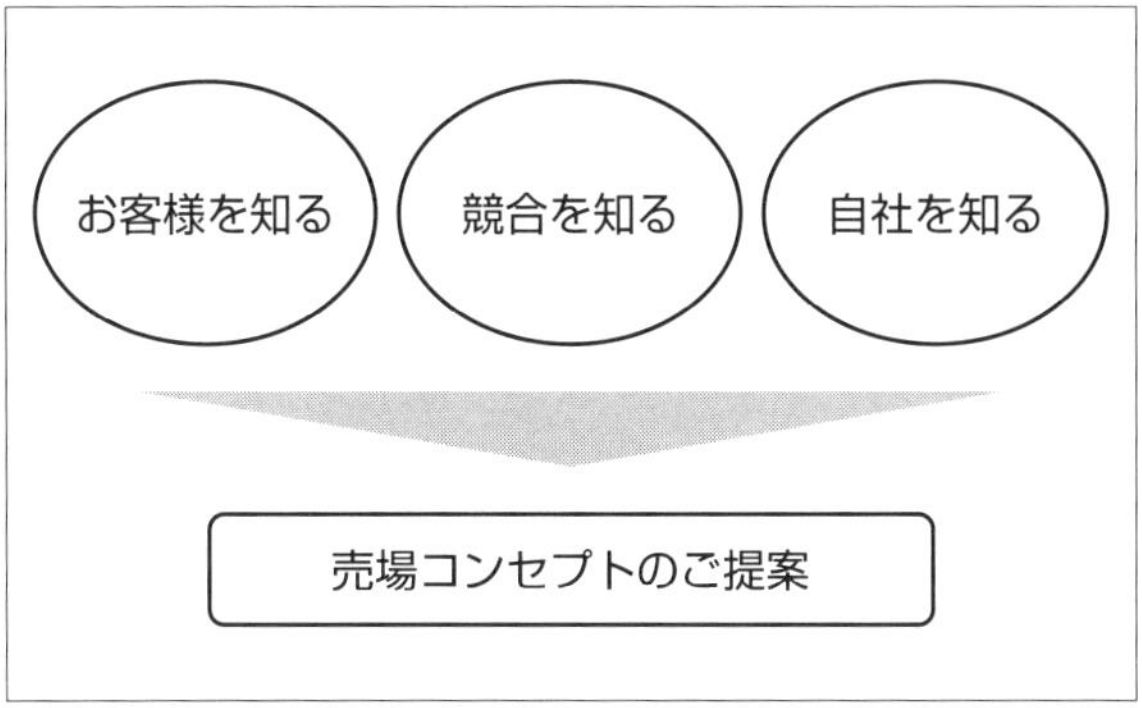

いることで、提案に客観性を持たせ、私たちの勝手な思い込みから提案したのではないことを印象づけようとした。

ここで、なぜ私が中小企業診断士資格を取得しようとしたのかについて、簡単に触れておきたい。

私が資格取得を志したのは、二〇〇〇年秋、二十代も後半にさしかかった頃だった。当時は、量販チェーンを担当する営業職として日々、多忙な業務をこなしていた。

ただ、この頃から得意先に、単純な商品提案だけでなく、売場全体の提案や、市場動向などを踏まえたより高度な商品提案を望まれる機会が多くなってきた。また三十歳を前に、自身の今後のキャリアアップも考えていた。そうした中で、中小企業診断士の資格と出会う。思い返すと、マーケティングや運営管理など、当時の業務に結びつく科目もあったのが、勉強を続けられた理由の一つだと思う。そしてその後、三年かけて無事、中小企業診断士資格を取得した。

話を元に戻そう。３Ｃ分析をベースにした提案フレームだが、私たちは実際に、どのようなことを分析してきたのだろうか。以下、その一つである「競合を知る」について紹介しよう。

このときの提案は、Ｙチェーンが新しく出店する店舗のビール類売場の提案をする内容だった。私たちは文字どおり、新店周辺の競合店調査を行った。

具体的には、現場のメンバーと手分けして、実際に競合店舗を調査した。ただし調査時は、お互い事前に、視点を共有しておかなければならない。ここでも、中小企業診断士的なフレームワークが役に立った。

単純に言えば、５Ｗ１Ｈの視点。つまり、「どんなお客様（誰）が」、「いつ（時間帯）」、「どのように（単独か、家族連れか）」、「何を（ビールか、発泡酒か）」、「どのくらい（一本か、ケース買いか）」である。そして、お客様がその店を使う理由を、お客様の求める価値を仮説として考察した。これをまとめたのが、**図表2**である。複数の競合店を同じ視点で評価することで、メンバー間での提案の方向性がまとまっていった。

ちなみにその方向性は、「売場コンセプトを立案すること」。つまり、事業ドメイン（「誰に」、「何を」、「どのように」）を決めていくことである。ここでは、「お客様に」、「商品が」、「わか

図表２　競合を知る（調査例）

店舗名	○○店	△△店	□□店	◇◇店
業　　態	GMS	SM	SM	DS
営業時間	10:00～22:00	24 時間	10:00～21:00	10:00～20:00
売場坪数	1,000	600	450	150
酒売場坪数	30	20	15	
食品の特徴	■■■■■■■■■■■■■■	■■■■■■■■■■■■■■■■■■	■■■■■■■■■■■■■■	■■■■■■■■■■■
酒売場の特徴	■■■■■■■■■■■■■■	■■■■■■■■■■■■■■	■■■■■■■■■■■■■■	■■■■■■■■■■■■■■
お客様の買い方	■■■■■■■■■■■■■■■■■■■■■	■■■■■■■■■■■■■■■■■■■■■	■■■■■■■■■■■■■■	■■■■■■■■■■■■■■■■■
お客様の求める価値	■■■■■■■■■■■■■■	■■■■■■■■■■■■■■	■■■■■■■■■■■■■■	■■■■■■■■■■

りやすく、選びやすい」売場、というコンセプトだった。

「その売場、私たちに任せてください！」

売場コンセプトがまとまった私たちは、それを実際の棚割（ビール類の売場を、棚割提案ソフトと呼ばれるツールを使い、シミュレーションした画像）に落とし込み、提案することとなった。

「今度の新店、ビール類の売場は、私たちに任せてください！」。プレゼンの場で、営業と私を含めた出席者一同は、Ｙチェーンの常務以下、出席者に提案を行った。しかし先方からは、「今回、われわれのためにこのような提案をしていただき、ありがとうございます。売場づくりの参考にさせていただきます」といった回答どまり。売場を任せていただくことにはならなかった。

なぜだろう…。メンバー全員で、その理由を考えた。これまでの私たちの提案と比べると、かなり相手側に踏み込んだ提案ではあったものの、彼らを動かす何かが足りなかったのだろう。

これは後にわかったのだが、私たちは、「得意先が何を目指し、何を重要視しているのか」について、理解できていなかった。提案のレベルは、フレームワークなどを活用したことで上がっていたが、それだけでは相手に響かない。私たちは、分析結果を報告する調査会社ではないし、棚割を任せてもらうことだけが目的でもない。相手としては、私たちの熱意は感じたが、売場を任せるまでには至らなかったのだろう。

実は、このことに気づくまでに一年以上かかり、現場では、「これだけ一生懸命やっているのに、なぜ認めてもらえないのか」という焦りも生まれていた。中小企業診断士の勉強で学んだフレームワークを活用しても、そこに魂が入らないと相手は動かないことを痛感させられる出来事だった。

とは言え、簡単には引き下がれない。金子と渡部を中心に、「もっと相手をよく知ること」を心がけていく。Yチェーンのホームページや方針説明会のパンフレット、社内報なども、親しい店舗からみせてもらう。また、プレゼンの場だけでなく、常務や商品部長とお会いする機会を増やし、情報収集に努めた。

そして一年後の二〇〇七年十二月、再び先方の常務以下を迎えたプレゼンを行った。今回の提案テーマは、棚割だけでなく、販促プロモーションも含めた大がかりなものだった。

内容は、従来の提案からさらにブラッシュアップしていた。簡単に説明すると、①先方の会社方針を受け、②これをキーワード化して整理し、③お酒の提案コンセプトをわかりやすくキャッチフレーズ化したうえで、④具体的な提案につなげる、というものだった。図式化したのが、**図表３**である。

こうしたアプローチをとったことで、先方の反応は前回と大きく違っていた。また今回は、具体的な提案の中にも、事前に収集した先方の課題や、常務や商品部長がふだんから口にしているキーワードなどを織り交ぜながら、提案を進めていった。さらには、具体的な棚割提案や販促提案が、最終的に先方のどのような数値貢献につながるかを、「売上＝客単価×客数」の分解式に落とし込み、わかりやすく伝えていった（**図表４**）。そのうえで改めて、「私たちにビール類の売場を任せてください！」と提案したのである。

約三時間に及ぶプレゼンの後、皆様から総評をいただく。常務からは、「ここまで当社のことを考えて提案されるメーカーは、ほかにはない。非常に感謝しています」。商品部長からも、「私が開発を手がけていたオリジナル商品まで提案に盛り込まれているとは、感動しました」と、非常にありがたい言葉をいただいた。

また、その後の懇親会でも、常務からねぎらいと感謝の言葉をいただき、提案資料作成の中心的な役割を担った渡部が涙ぐむシーンもあった。先方が帰られた後、金子と渡部、私の三人は、一つの仕事をやり遂げた達成感と、提案が先方に響いた充実感、そしてその場に出会えた感動をわかちあったのだった。

結果的には、このプレゼンが大きな転機となった。そして翌年一月、ついに念願のビール類カテゴリーキャプテンを獲得するのである。

提案にあたっての心構え

こうしてYチェーンには、三年がかりで提案を行い、ビール類のカテゴリーキャプテンを獲得して現在に至る。私は本社スタッフとして、同チェーン以外にも数多くの得意先の提案に携

図表３　実際の提案例１

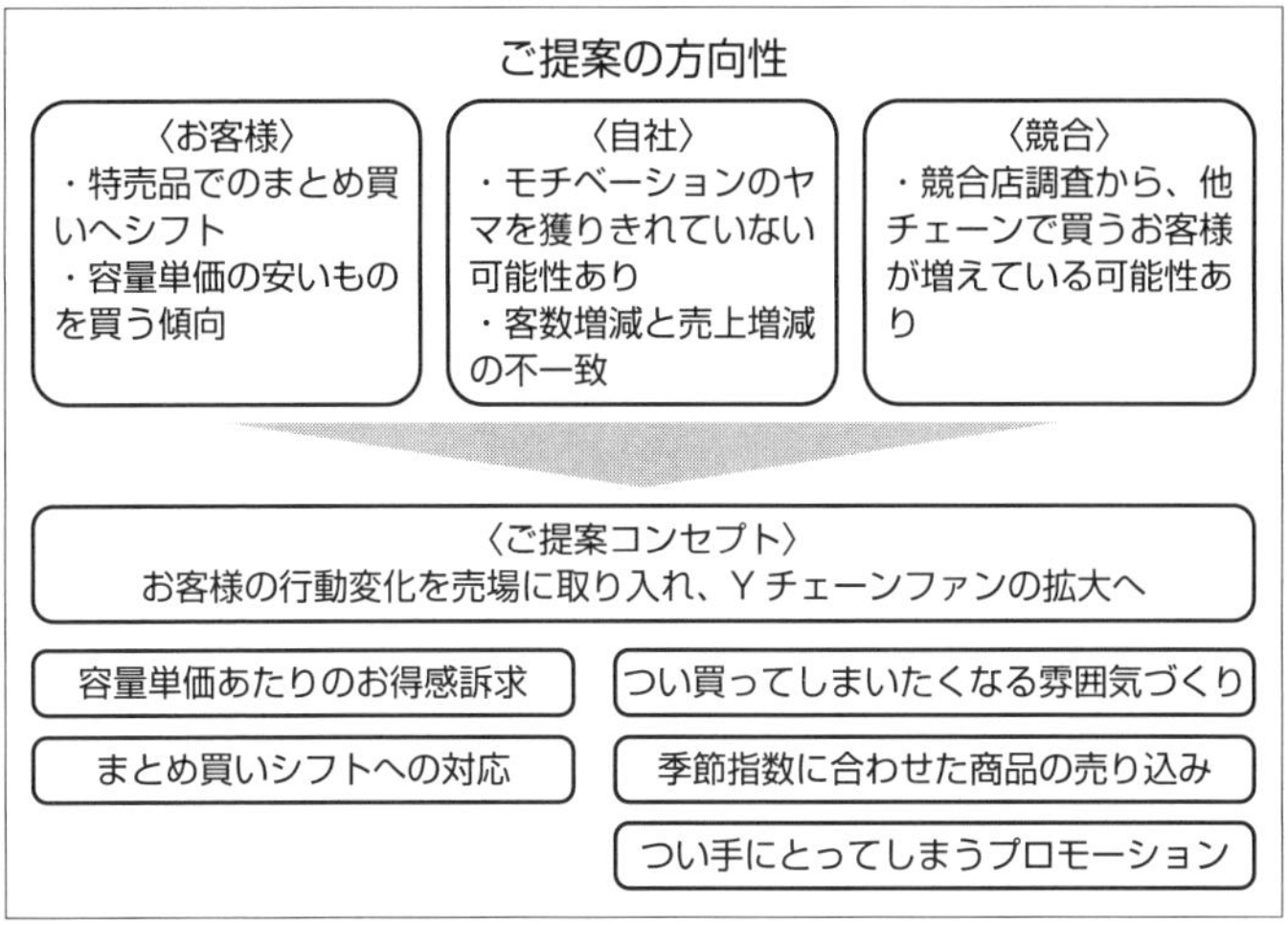
ご提案の方向性
〈お客様〉
・特売品でのまとめ買いへシフト
・容量単価の安いものを買う傾向
〈自社〉
・モチベーションのヤマを獲りきれていない可能性あり
・客数増減と売上増減の不一致
〈競合〉
・競合店調査から、他チェーンで買うお客様が増えている可能性あり
〈ご提案コンセプト〉
お客様の行動変化を売場に取り入れ、Ｙチェーンファンの拡大へ
容量単価あたりのお得感訴求
まとめ買いシフトへの対応
つい買ってしまいたくなる雰囲気づくり
季節指数に合わせた商品の売り込み
つい手にとってしまうプロモーション

図表４　実際の提案例２

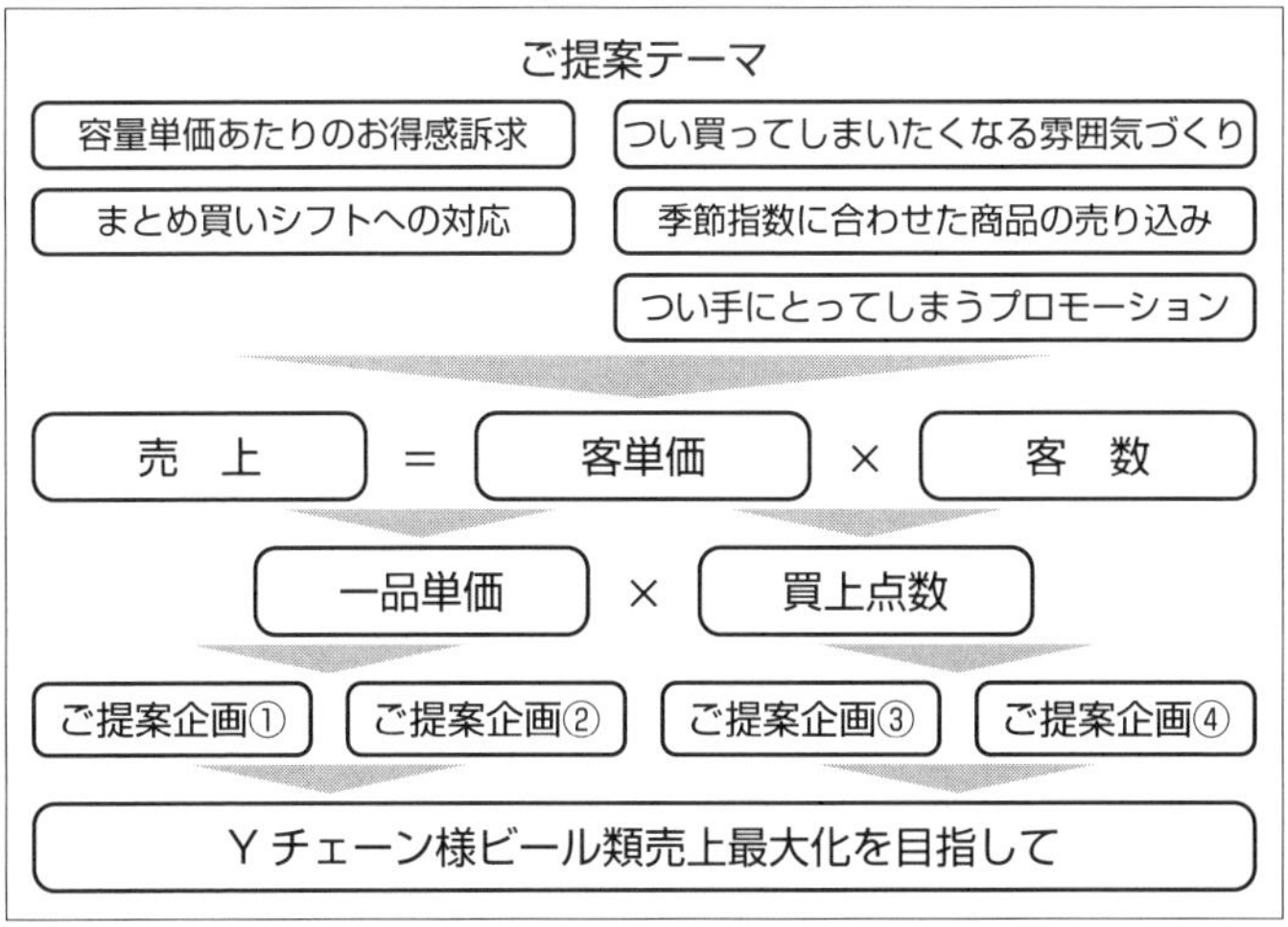
ご提案テーマ
容量単価あたりのお得感訴求
まとめ買いシフトへの対応
つい買ってしまいたくなる雰囲気づくり
季節指数に合わせた商品の売り込み
つい手にとってしまうプロモーション
売　上
＝
客単価
×
客　数
一品単価
×
買上点数
ご提案企画①
ご提案企画②
ご提案企画③
ご提案企画④
Ｙチェーン様ビール類売上最大化を目指して

わってきた。そこで最後に、自身の経験を通して感じる、提案にあたっての心構えを述べたいと思う。

個人的には、以下の二つだと感じている。一つは、相手をよく知ること。もう一つは、相手にメリットがある提案を心がけることである。

相手をよく知ると、当然、相手のことがわかってくる（売場、品揃え、仕組み、人間関係など）。そうすると自然に、相手の立場で話そうとするため、話す言葉が相手の言葉に変わってくる。また、相手にメリットがある提案というのは、提案内容がより具体的で（どこにでも通用する内容では、相手はメリットを感じない）、相手の数値貢献につながってくるものである（売上、利益、単価、客数など）。この二つを心がけていくと、相手との間に共感が生まれ、提案が受け入れられやすくなるように思う。

そして、このような提案を心がけていくことこそが、営業でよく言われる「相手を好きになること」ではないだろうか。知識や分析手法、提案ツールなども必要ではあるが、ベースとなるのは、この心がけではないかと感じている。

ちなみに、ここに挙げた二つの姿勢は、中小企業診断士がクライアントに対して接する心構えにも通じるものである。

資格制度が大きく変わって、はや十年。私たち中小企業診断士に求められるものも、大きく変化してきた。形はどうあれ、クライアントにとって、何かしらのソリューションにつながる提案が求められるようになっているのだ。一度限りの提案でなく、クライアントと継続したパートナーシップを結んでいくためにも、相手をよく知り、相手にメリットがある提案を心がけていくことが、今まで以上に必要ではないだろうか。

私は今後も、業務において、また企業内診断士としても、この二つを意識して活動していきたい。そして、その提案の先にある感動を、「アサヒビールグループ診断士の会」のメンバーたちとわかちあっていきたいと思っている。

profile

金田　政寿〈かねた　まさとし〉

一九七二年生まれ。一九九五年日本大学商学部卒後、大手菓子メーカーに入社。営業、販売企画を経て二〇〇一年アサヒビール（株）に入社。中国地区本部、営業開発部を経て現職。量販部門の営業支援・ツール開発などを担当。二〇〇四年四月中小企業診断士登録。現在、「走れる診断士」を目指し、フルマラソン四時間切り（サブフォー）に挑戦中。

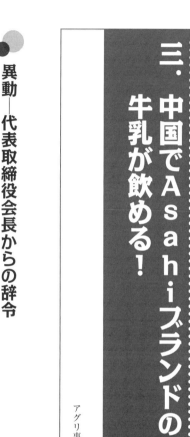

三．中国でＡｓａｈｉブランドの牛乳が飲める！

アグリ事業開発部
大西　隆宏

異動──代表取締役会長からの辞令

「長い間、ご苦労様でした。九月から、国際経営企画部で頑張ってください！」

二〇〇八年八月末、池田会長（現・相談役）に呼ばれた私は何と、会長直々の辞令を受けた。当時、私は秘書室に勤務しており、在籍期間は六年を超えていた。池田会長は、氏が新社長として就任以来、秘書業務をさせていただいたボスである。

たしかに、「一度は海外事業に携わりたい」と希望していたが、本当に実現するとは思っていなかった。なぜなら、「国際」も「経営企画」も経験がなく、まったく未知の世界だったからである。嬉しさとともに、緊張感も高まった。そして、「難関の中小企業診断士試験に合格したんだ。頑張れば、何とかなるはずだ！」と自身を奮い立たせた。しかし、その自信が見事に打ち砕かれることになるとは…。

資格取得のきっかけ

ここで、私が中小企業診断士になるまでを振り返りたい。

私は大学の法学部を卒業後、一九九三年にアサヒビールへ入社した。入社後は、事業場の総務部で二年ほど勤務した後、「若いうちに営業をやりたい」という希望どおり、東京支社中央支店の営業担当となった。担当エリアは、東京都港区。エリア特性により、飲食店への売り込みに力を注いだ。

特に私は、JR田町駅前の、地元で数店舗を展開する繁盛居酒屋に足繁く通っていた。この店のビールの銘柄は、ライバル社一色。通い続けるうちに、同店の実務責任者である専務と会話できるようになった。私は毎回、社品のパンフや広告の切り抜きを持参して、「アサヒビールをお願いします！」の一点張り。しかし、時間が経つうちに専務から、経営に関する相談を受けるようになった。

専務は以前、一部上場企業の人事部に勤務していたこともあり、相談内容は「人」に関することが多かった。「各店長のやる気を上げるには？」、「従業員がいきいきと働けるには、どうすればよいのか」などなど。それに対して私は、「専務ご自身が店舗に顔を出して、話をすることですよ」といった程度の返答しかできなかった。

当時の私に、もっと経営に関する知識があれば、モチベーション理論、インターナルマーケティングなどを引用して、体系的な提案ができたはずである。結果的には、笑顔とフットワークによって全面切り替えをしていただけたが、経営知識さえあれば、もっとお客様志向で、効率的な営業ができたはずだった。そしてこのとき、私は、お客様の抱える課題をみつけ出し、解決に導く営業マン、いわゆるソリューションプロバイダーになりたいと思ったのだ。

ちょうどその頃、社内で「中小企業診断士取得セミナー」が開催されており、私はさっそく手を挙げた。勉強を始めると、何しろ楽しかった。それまでは感覚でしかとらえられなかった会社経営を、体系的に理解できる。ただし、面白いだけでは合格できないのが国家試験の厳しさであり、合格までには五年かかった。

五年もあきらめずに勉強を続けられた要因は、いくつかある。

まずは、学習が業務に直結して楽しかったこと。また、あまりに多くの人に受験を宣言したため、途中下車できなかったこと。特に池田社長（当時）には、出張随行の車の隣席でテキストを開いた際、「何を読んでいるんだ？」と聞かれ、「中小企業診断士の勉強をしています。必ず合格します！」と言ってしまった手前、途中であきらめたとは言えなかった。

そして、何か一つはやり遂げる経験をしたかったこと。学生時代からろくに勉強しなかった私は、大学も推薦入学、「ビールが飲みたい」という単純な理由からビール会社を希望したほどである。法学部出身でも、法律系の資格を持っているわけではない。果たして、このままでよいのか。ここであきらめたら何も変われないし、中途半端なままでズルズル行ってしまうのではないか。そんな自分に対する焦燥感と危機感が、私を後押ししてくれた。

「信頼の獲得」と「自分への自信」

五年の月日は長い。勉強を始めたのは営業時代だったが、合格したのは秘書時代だった。そのため、業務に直結したかどうかと言えば、一兆円企業の代表取締役に対して、経営の提言をするほどの大それたことはできなかった。

ただ、秘書という立場上、社内各部門はもちろんのこと、社外とのやりとりが多かった。特に、ボスの交流が深い他企業の秘書とは、連絡をとり、直接会って話すことも頻繁にある。他業界の方と話す際には、最低でも、当該業界や企業の概況程度はおさえておいたほうがよい。それが信頼に結びつくからだ。この点で言えば、中小企業診断士の勉強をしたことで、新聞を読んだり、他社のホームページをみたりしても、情報が頭の中に整理されて入ってくるようになった。

また、国際経営企画という未経験の部署への異動がかなったのも、中小企業診断士になったことと無縁ではないと信じている。自らのキャリアを構想するうえで、浅くとは言え、経営全般を広く学べたことは、有益だったと思う。

「自分は、この部署で力を発揮してみたい。こんな業務をやってみたい」と主張するにあたり、中小企業診断士資格を取得した経験は、アピールポイントになる。もちろん、行った先でいかに組織に貢献できるかが重要なことは、言うまでもない。中小企業診断士であること＝信頼につながるわけではないが、必要最低限のベースができたことは、自分にとって大きな自信となった。今後、この「信頼」と「自信」のサイクルをテンポよく循環させていければ、理想的である。

中国農業・牛乳事業会社の概要

国際経営企画部では、中国で農業・牛乳事業を推進している「山東朝日緑源」という二つの事業会社の経営管理担当となった。平たく言えば、他株主企業との窓口を含め、本社で同事業に対して最大限サポートをするのがミッションである。

ここで、なぜわが社が中国で農業と牛乳事業を行っているのかを説明したい。

二〇〇三年、ビールや飲料事業を中国山東省で展開していたわが社に対し、山東省のトップ（省書記）が来日した際、「中国で、農業の事業モデルを示してほしい」という要請があった。中国でビジネスを展開するには、政府との信頼関係構築が欠かせない。わが社は中国、特に山東省での事業展開に注力していたため、政府とすでに太いパイプを持っており、関係が深まっていたのだ。そして要請を受けたわが社は、中国の農家と消費者のお役に立つことを目標に、かつ事業として成立する農業モデルの検討を始めた。

もちろん、農業について素人だったわが社は、多くのサポートを必要とした。具体化にあたっては、わが国の農業経営の権威や学識者、国内で先進的な農業を実践する農業経営者に加え、ＪＩＣＡ（国際協力機構）で指導経験のある農業技術者にも参画いただき、事業を推進することとなった。そして二〇〇六年、共同出資者の住友化学、伊藤忠商事とともに、山東省莱陽市

写真１　朝日緑源農場外観

に日本独資の農業法人を設立した。こうして多くの関係者の協力を得て、事業はスタートしたのだ。

事業目的は、①トレーサビリティの確保や循環型農業などの先進農業技術を導入し、中国農業改革の一助となること、②農作物の栽培から加工・物流・販売まで、一貫したフードシステムを構築し、新たな農業経営のビジネスモデルを提示していくこと、③中国国内の食生活の向上に応えるべく、安全・安心でおいしい高付加価値型の作物を中国で生産・販売すること、④次世代の日中両国の農業指導者育成を通じて、中国農業の課題解決の一助とすること。露地によるスイートコーンやミニトマトなどの野菜栽培、温室によるイチゴなどの果実栽培、さらには酪農が、事業の三本柱である。

その後、二〇〇八年からは、酪農部門で生産された原料牛乳を使用し、中国では珍しい成分無調整牛乳の製造・販売を開始した。

「お前は、本当に中小企業診断士なのか？」

ここで、異動直後の思い出深いエピソードを二つ、披露したい。

一つ目は、牛乳の販売開始と私の着任が重なったタイミングで、問題が発生したこと。「発売日に牛乳が出荷できない！」という一報が、現地から飛び込んできた。

理由は、中国で当時、牛乳へのメラミン混入事件が発生し、全乳業メーカーに対して突如、「出荷前の保管期間を一日多く設けなければいけない」という国家指針が発せられたためだった。

「出荷式に日中のマスコミを多数呼んでいるのに、どうするんだ？　空の牛乳パックをトラックに積むしかないのか？」。現場はパニックになっていた。

結論から言うと、わが社のトップの名で、状況を説明するレターを政府に出すとともに、現地では所轄当局に対して指示を仰ぐという両国の連携プレーが功を奏し、無事、出荷式を執り行うことができた。そして、こうしたときに全体を俯瞰し、調整する役割を担うのが、本社担当者のはずだった。

だが、このときの私は、どう対応すればよいかわからず、現場同様にパニックに陥り、前任者に頼りっきりだった。前任者はまず、冷静に状況（事実関係）を把握し、問題点を明らかにしていった。自社で解決できることとできないことに分け、解決できないのであれば、どこの力を借りればよいのか、はたまた、社内のどこに相談すればよいのかをロジカルに分析していた。

この問題解決手法は、中小企業診断士に限らず、ビジネスマンとして当然、持つべきスキルである。しかし、人間誰しも、予期せぬ事態に直面すると、場当たり的に目先の問題に対応しようとする。そのときの私がまさにそうで、「二次試験でさんざん、因果関係による問題解決手法を学んだではないか！」と自己嫌悪に陥ったのを記憶している。

それ以降の私は、何が起きてもまずは冷静に状況分析をし、何が問題（ボトルネック）で、それを取り除くにはどうすればよいのかを考えるようになった。そして、自社経営資源で限界なら、外部の力を借りる。このように、さまざまな局面を乗り越えることで、企業にはノウハウが蓄積され、それが新たな価値ある経営資源となるのだ。

着任早々のこの騒動のおかげで、私は改めて、仕事の進め方を確認できた。ＯＪＴで教えてくれた前任者には、心から感謝している。

次に、着任した私を悩ませたのが、「農業社の総括」だった。事業開始時の承認事項として、事業開始三年を経過した時点で、事業評価を行うことになっていた。そして、「中小企業診断士の勉強で学んだ診断実務が活かせるかもしれない」とタカをくくっていたのが、大きな間違いだったのだ。

まず、決算書をみても、何が問題なのかがわからない。いくら多くの協力はあろうとも、わが社は初めて農業を、しかも中国でやっているのだ。二次試験で出てくるようなきれいな財務諸表ではない。

たとえば、野菜事業一つをとっても、農作物は品種が違えば、採れる時期、販売時期が異なる。ハウス栽培の苺が採れ始めるのは、十二月のクリスマスシーズンで、この時期がもっとも高く売れる。また、年が明けて春節（旧正月）にも、需要のヤマがくる。当然、最需要期は相場が上がり、それを過ぎると相場は下がる。

しかし、実際にイチゴが多く収穫できるのは、気温が暖かくなり、需要が減る頃なのだ。こうした状況の中、立ち上がって三年目の会社の管理会計が、整っているわけもない。

「製造コストや変動費、固定費は？　どの程度売れれば、利益が出る（損益分岐点）のか？

写真２　牛乳工場と筆者

セグメント別収益性は？」。懸命に財務分析をしようとしても、的確な情報が得られない。関連資料をメールで送るよう現地に要請しても、作物別、時期別の細かい数字の羅列が送られてくるばかり。しかも中国語である。机に向かい、資料とにらめっこする日が続いた。

困り果てて前任者に相談したところ、返ってきたのは、「君は中小企業診断士なんだから、それくらいはわかるだろう」という温かい励ましの言葉。結局、悩んでいてもらちが明かないので、現地へ飛ぶことになった。現場担当者にくり返し確認し、一つずつ不明点を明らかにしていった。

総括レポートをまとめるには結局、数ヵ月かかった。その間、現地には複数回足を運んだ。農業事業についてわかったことと言えば、「農業は、土壌改良にも栽培技術の確立にも、時間がかかる。しかも、自然相手なだけに予期せぬ事態が起こり、当初の事業計画と結果には大きな差が生じる」ということ。農業生産者が聞けば当然のことだろうが、その結論を何とか数字を使って表し、経営層に報告できたことは、大いに自信につながった。

そして、ここで学んだ最大のことが、現場主義の大切さである。「事件（問題）は現場で起きている！」のだ。机の前で、わからないことを思い悩んでいても、答えは出てこない。思い浮かぶのは名案ではなく、上司や役員の顔ばかりだ。

現場に行き、自分の目で確かめ、直接教えを乞うことで、道が拓ける。真実は現場にあるのだ。今後も、常に現場目線で物事をとらえることで、本質的な課題解決に結びつけていきたいと思っている。

牛乳事業を中小企業診断士の視点で分析

ここで、改めて牛乳事業について触れておきたい。

前述のとおり、農業事業の開始により、野菜や苺といったＡｓａｈｉブランドの栽培物は、すでに店頭に並んでいた。一方、酪農事業で産出される原乳は、地元乳業メーカーに販売されるため、Ａｓａｈｉブランドの原乳は市場に存在していなかった。

せっかく高品質の原乳が採れても、地元乳業メーカーへの販売だけでは、私たちのブランドアピールにはつながらない。加工を施した最終商品にＡｓａｈｉロゴをつけてこそ、朝日緑源ブランドのアピールにつながり、ひいては、アサヒビールグループのプレゼンス拡大に貢献できるのだ。

こうして、農業社とは別法人で新たに乳業社を立ち上げ、牛乳の製造・販売を行うことになった。乳業社の株主は、製造を担当するアサヒビールと、流通を担当する伊藤忠商事の二社である。貯蔵期間の長期化が可能な日本の品質管理技術を導入し、日本の酪農技術で管理した単一農場（緑源農業社）の原乳のみを使用した成分無調整牛乳を、２５０ｍｌ、５００ｍｌ、１Ｌの三種類の紙パックに詰め、チルド牛乳として製造している。

その後、それらをチルド物流に乗せて、当初は青島、上海、北京のスーパーで販売を始めたのだが、今では日本人の多い大連や、二、〇〇〇キロ以上も離れた深セン、成都まで運んでいる。当然、物流費だけでも膨大になるため、販売価格は大手メーカー一般品の二、三倍となっている。だが、この価格差にもかかわらず、当初の予定よりも早いスピードで売上が伸び、事業計画を前倒しで達成する勢いなのだ。

ではなぜ、価格が三倍にもなる牛乳が売れるのだろうか。中小企業診断士的な視点で、簡単に分析してみたい。

セオリーどおり、環境分析の基本的手法であるＳＷＯＴ分析を行う。

まずは外部環境の機会（Ｏ）だが、何と言っても、中国経済の著しい成長・発展がある。ＧＤＰでは、日本を抜いて第二位となり、首位の座を奪うのも時間の問題と言われている。ここでは、それに伴う富裕層マーケットの拡大とともに、都市部を中心とした食の安全・安心に対する関心の高まりも挙げられるだろう。

続いて脅威（Ｔ）としては、伸張著しい市場であるため、競合の出現が挙げられる。市場の成長に伴って競争環境が厳しくなるのは、当然の成り行きである。

また内部環境の強み（Ｓ）には、原乳が安全・安心・高品質であること、日本の最新技術を用いていること、Ａｓａｈｉブランドであることが挙げられよう。

最後に弱み（Ｗ）だが、これは高コストであることだろう。原因は、最新技術を導入していることと、製造量の少なさによる生産コスト高、対象市場が離れていることによる物流コスト高である。

以上を踏まえ、重要成功要因を一つ挙げるとすれば、「トレーサビリティのとれた安全・安心・高品質の原乳を一〇〇％使用した美味しい牛乳が、競合との差別化要因となり、安全・安心を求める消費者にメッセージが届いている」ことだと考えられる。

実際に、一般的な牛乳は、小さな酪農家から集めた原乳を混ぜ合わせたものを原料として大量生産しているのに対し、朝日緑源牛乳は、一〇〇％自社牧場で採れた原乳のみを使用している。そしてそのことを、スーパーなどの店頭において、販売促進員による説明やＰＯＰの掲示により、消費者へ訴求している。牛乳を取り巻く外部環境と、消費者ニーズに応えたモノをつくれる内部環境が、相互にうまくかみ合った事例と言えるだろう。

ただし、うまくいっているからと言って現状に甘んじていては、衰退の道をたどるのは明らかである。現状分析をもとに、今後の成長路線を描いていきたいと考えている。

当面の具体的な課題は、牛乳のさらなる拡販と生産コストの削減、そして牛乳に次ぐ新たな乳加工品事業への参入である。もちろん、費用対効果や事業リスクを考慮しながら検討すべきだが、躍動する中国市場において、市場からのニーズや期待をいただきつつ、新たな事業を検討できるのは、非常にありがたいこと。そして、私が中小企業診断士の勉強をしていた頃にあった一次試験科目「新規事業開発」のテキストをみながらワクワクできるのもまた、幸せなことだと実感している。

日々の業務で大切にしていること

組織で働く人間として、所属する組織の成果を第一に考えるのは当然である。同時に、それが会社全体の方向性に合致しているのかを考えることも欠かせない。いわゆる「部分最適」ではなく、「全体最適」の視点である。

たとえば、私が担当する中国の農業・乳業事業についても、「果たして、アサヒビールグループの世界戦略の中で、どのような役割を担っているのか？ アサヒビールの中国戦略に沿ったものなのか？」といったことは、私のような担当者レベルでも、常に念頭に置いておく必要があるだろう。その視点がないと、自身の行動が会社全体のパワーに結びつかないからだ。

もちろん、「それは、部長が考えるべきこと」、「役員が調整するものだ」といった意見もあるかもしれない。しかし、少なくとも私は、全体最適の視点を持って取り組んでいきたい。

自分の行動が会社の成長に貢献していないのであれば、それは単なる自己満足にすぎない。二次試験の解答でも陥りがちな傾向だが、「各設問の戦術レベルの解答は優れていても、戦略レベルでの一貫性がないと効果に結びつかず、説得力がない」というわけである。

もう一つ、入社してたかだか十八年ではあるが、会社人生を振り返って私が思うのは、人間はつくづく一人では生きていけないということである。どれだけ多くの方に支えられ、協力をいただいたことか、経験を積めば積むほど、実感させられる。

たとえば営業時代、会社を一歩出れば、「アサヒの代表」としてお客様と接するわけだが、自信を持って営業活動ができたのは、内勤のサポートがしっかりしていたからだった。また秘書時代は、経営トップを取り巻く社内のありとあらゆる部門とのかかわりが求められた。当然、社外とのかかわりも多く、常にアンテナを高く張っている必要があった。

そして、今の業務を推進する中でも、各部門に相談することは数多く、外部とのやりとりも頻繁にある。中国の農業・牛乳事業は、わが社のコア事業ではないだけに、外部の専門家の協力なしには成り立たないのだ。さらに、予期せぬ未経験の事態が、日常的に起きる。周囲との協働なくして、ことは決して解決できない。一週間分の手帳を見返すと、財務、法務、人事、広報、生産、営業などなど、他部署との打ち合わせがない日はほとんどない。

こうした社内外のさまざまなやりとりの中で、私が中小企業診断士であることのメリットを感じている。それは、資格のための勉強を通じて、各セクションの役割や業務内容が未知ではなくなったことだ。

もちろん、当該部門で実務をしない限り、熟知はできない。しかし、経営全般に関して学ん

写真３　商品展示会ブースでの筆者

だことにより、何をどこへ、どのように相談すればよいのか、的を外すことだけはせずに済む。相談される側としても、まったくわかっていない相手よりも、少しは知識のある相手のほうがアドバイスをしやすいだろうし、私自身も理解がはかどる。

　このように、経営全般の知識は、相手の立場で物事を考える際にも大きなメリットとなる。今後もネットワークはさらに広がっていくだろうが、決して中小企業診断士であることを前面に出すという意味ではなく、これまでに得た知識や見聞をフルに活かしていきたいと思っている。

異動──アグリ事業開発部へ

二〇一〇年四月、ちょうどこの原稿の素案を練っている最中、人事発令をいただいた。異動先は、アグリ事業開発部。前年、国内の農業法人と、原材料の栽培・商品開発を検討するために、本店内に新設された部署である。

今年から、私の担当する中国の農業・乳業事業を加え、国内外を問わず、「アサヒビールの農業事業」というくくりでとらえることになった。私自身、担当業務は変わらず、部署間の異動が行われたのみ。言うまでもなく企業は、環境変化に応じて柔軟に対応していくものであり、「組織は、戦略に従うもの」（チャンドラー）である。

昨今、地球規模での食糧問題と、それに伴う農業問題が取り沙汰されている。わが社も当然ながら、食糧問題に無縁ではいられない。そうした理由から、農業にどのようにかかわっていけるか、検討が始まった。

わが社としては、中国ですでに農業事業を展開している強みを結びつけ、検討していくことが狙いである。中国政府の要請から始まった事業ではあるが、この数年で経験してきたことは、わが社の価値ある経営資源である。これをどのように活用していくか、答えはまだ出ていないが、じっくり考えていきたい。わが社にとって、「農業」という大きなテーマに、グローバルな視点でかかわるチャンスである。

さらなる成長、発展に向けて

最後に、私自身の今後のキャリアについて。

現時点では、これからも企業内診断士として、新しいことに挑戦し続けたいと考えている。さらに多くの部門や業務を経験して視野を広げ、会社の成長に貢献したい。

私はもともと、ビールが好きで、わが社に入社した。Ａｓａｈｉの看板を背負って、ビールに携わる喜びと誇りを胸に、ここまでやってきた。今は縁あって、農業と牛乳に携わっているが、これもまた面白い。

中小企業診断士資格を取得すると、「独立するか、しないか」という議論をよく聞くが、私はどちらでもないと思う。選択肢を広げ続けるのもまた、一つの道ではないかと思うのだ。

私は入社以来、ずっと楽しく仕事をさせていただいた。元来が楽観主義なのか、鈍感なのか、幸いなことに、仕事をつまらなく感じたことはない。さまざまな素晴らしい出会いの中で、仕事を通じて多くの感動を経験し、少しずつではあるが、着実に成長できたと思っている。

今後も私は、好きなアサヒビールに誇りを持って、会社の成長に貢献したい。活躍できる場がある限りは、思いきり取り組んでいきたい。そして、貢献できなくなったそのときは、お役御免になるのだろう。もちろん、そうならないように日々、研鑽を積むことは誓う。そうすれば、自ずと道は拓けていくのではないか。

私はこれからも、人との出会いを大切に、そして感謝の気持ちを忘れずに、自分を高める努力を続けていきたいと思う。

profile

大西　隆宏〈おおにし　たかひろ〉

一九七〇年生まれ。一九九三年早稲田大学法学部卒後、アサヒビール（株）に入社。総務、営業、営業企画、秘書、国際経営企画部を経て、二〇一〇年四月より現職。二〇〇六年十月中小企業診断士登録。日本ソムリエ協会認定ワインアドバイザー。「ビールとワインを両手に、人生について語り合いましょう！」

四．課題解決型の営業スタイル変革を目指して

関東信越統括本部　営業企画部
斎藤　憲

プレゼンテーションでの惨敗

「今回、アサヒさんは遠慮しておきます。生ビール銘柄については申し訳ありませんが、他社さんを使用します」

約十年前、ある得意先の飲食店から告げられた言葉である。このお店には数年来、アサヒビールを主要銘柄として取り扱っていただいており、その流れで今回の新規開店にあたっても当然、アサヒビールを使っていただけるものと確信していた。しばし、呆然と立ち尽くす。

思わず、「なぜ、当社品を扱っていただけないんですか」と詰問調で質す私。社長からは苦

笑い気味に、「二週間前のことを思い出してください」と言われた。

二週間前―今回の新規開店にあたり、私がプレゼンテーションを行った日である。プレゼンでは、アピールポイントとして、わが社の最大の武器であるスーパードライがいかに人気で、他社ビールを取り扱うより圧倒的に有利であるかにフォーカスし、説明することを決めていた。そして実際のプレゼン後も、アピールポイントが完璧に伝わったという感触から、成功を確信していた。また、この飲食店へ酒類を納品している酒屋さんからも、「プレゼンには競合ビールメーカーも参加するが、あくまでも形式上のことなので問題ない」と聞いており、まったく心配していなかった。それなのになぜ、こうなるのか…。

「アサヒさんのプレゼン内容は、完璧でした。本当におっしゃるとおりです。ただ…」社長の目つきが鋭くなる。

「当社側からの視点が、何もなかったんです。それに比べて他社さんは、飲食店の立場に立った視点、当社の立場に立った視点で分析を行い、その根拠に基づいた提案をされた。これには、大変心を打たれました。たしかに、スーパードライは人気があります。使っていれば、お客さんはまず、文句を言わないでしょう。アサヒさんにはこれまで、本当によくしていただいていますし、感謝もしています。しかし、うちも厳しい環境の中で生き残るために、企業の改革を行っていかなければなりません。今回は、その手助けをしてくれそうな新しい血を入れてみようと思ったんです」

私は、バットで殴られたような心境で、社長の言葉を聞いていた。そして今後の参考までに、他社のプレゼン資料をみせていただいた。

資料をみた私は、衝撃が走ったというより、打ちのめされてしまった。競合店分析に始まり、強み・弱みの分析、今後の方向性提案、お役立ちできること、といった内容。まず相手側の立場に立ち、こちらとして支援できることを提案するというＷｉｎ―Ｗｉｎの論理構成で、何よりも商品を提供するだけでなく、問題解決にまで踏み込んで貢献しようという意欲的なものだった。まさに惨敗である。その夜は、打ちのめされた自分をいたわりながら一人、静かに残念会をし、自身を振り返った。

私は一九九八年、アサヒビールに入社した。ちょうど、わが社がビールシェア一位を獲得した年である。この恵まれた時代に入社した私は、恥ずかしながら、「わが社のビールは、売れて当たり前」だと思っていた。いつしか、商品力＝自分の営業力と錯覚してしまっていたのだ。自身の提案力を向上させるための自己研鑽には目もくれず、放置してきた結果が、この惨敗だった。

「このままでは終われない。絶対に負けたくない」—そんな闘志がみなぎってきたのを、覚えている。私は惨敗を真摯に受け止め、現実と真正面から向き合うことを決めた。

商品力に頼らない武器を模索

僭越ながら、わが社の業務用営業部隊について、強み・弱みを分析してみた。

わが社には、今から二十三年前に発売されたスーパードライ誕生以前は、強い商品が存在せず、いわば瀕死の状態だった。では、強い商品がない中、営業戦略として何を武器にするのか。答えは、人間力である。

私たちの得意先に対しての慶弔対応、進物をはじめとした、俗に言う「気遣い」は、同業他社のみならず、他業種と比べても非常に高い水準だと自負している。創業の地でもある吹田市には先人の碑があり、わが社の発展のために社内外で尽力された方を祭っているほどだ。このように、人間力を重視する姿勢は、遺伝子のようにわが社の営業活動に組み込まれており、私自身、このスタイルを誇りに思っている。

だが、こうした対人能力的な営業スタイルを武器に戦ってきた企業に突如、スーパードライのような奇跡的な商品が生まれてしまった。私たちは自然と、商品力に頼る営業へ変質してしまったのかもしれない。そして、商品力が強いうちはまだしも、それが頭打ちになった段階では、営業スタイルの変革が求められるのだ。先ほどの私の惨敗に象徴されるとおり、商品力に甘え、自分磨きを怠っていたのでは、他社に勝てるはずもない。

では、どのようにすれば得意先に支持され、他社に勝てるのか。ひたすらに考える日々が始まった。唯一の有力なヒントは、得意先のビールメーカーに求めるニーズが、商品力を重視する傾向から、パートナーとして自身をよりよい方向へ導いてくれる企業を評価する傾向へと変わってきていることだった。

「経営」の解決と中小企業診断士

そんなある日、テレビで次のような場面に遭遇する。業績が著しく低迷している居酒屋に救いの手をさしのべるために、テレビ局が送り込んだ人物がいた。彼の職業は経営コンサルタントで、肩書きには「中小企業診断士」と書かれている。当時は、「中小企業診断士って何だろう」くらいにしか考えず、何気なく眺めていた。

番組は、コンサルタントが居酒屋の現状をヒアリングし、業績向上のための戦略・戦術を立てその計画を実行することで、業績が回復するというものだった。クライマックスでは、居酒屋店主がコンサルタントに対して感謝するシーンが映し出されていた。

番組を見終わった私は、鳥肌が立っているのに気づく。こんな営業活動ができたら、競合他社より優位な提案ができ、得意先に感謝してもらえる結果を出せるに違いない——そう思った。

私たちの得意先をはじめ、すべての企業は日々、「経営」と向き合っている。そうした普遍的な課題である「経営」について理解を深め、従来の営業スタイルに加えて、その点にまで踏み込んだアドバイスができるようになれば、状況を打破できると考えたのだ。

私はさっそく書店に行き、経営について広く学ぶためにはどうすればよいかを調べた。そしてテレビ番組と同様、中小企業診断士資格にたどり着く。ほどなく、社会人向け受験校の門をたたいた私は、中小企業診断士の勉強を始めた。

勉強するうえで一番つらかったのは、勉強時間と集中力の確保である。

勉強を始めた当初は、主に飲食店を訪問する機会の多い営業職だった。平日夜は飲酒する機会が多く、まったくと言っていいほど勉強ができない。「土日なら勉強できるのでは？」と思われるかもしれないが、ちょうど長男が生まれて間もない時期で、だらしない限りだが、平日は会えない長男と遊ぶ誘惑にかられ、集中できなかった。

そこで工夫したのが、すき間時間の活用である。たとえば、通勤時間。当時は、電車に乗っている時間が約一時間あったが、その間は必ずテキストを読むことに決めた。それまでは座って寝ていたものを、勉強を始めてからは睡魔に負けないよう、立ってテキストを開くことに。

そして、勉強内容と仕事を重ね合わせながら、さらなる理解の深化を図った。

こうして、苦節三年を費やし、私は中小企業診断士試験に合格する。途中、何度も挫折しそうになったが、「自分の営業スタイルを変えなければならない」という切迫感が、強い駆動力となったように思う。また間違いなく、妻や子どもの協力も大きな支えとなった。

課題解決型スタイルへの変革

十五日間の実務補習を終えた私は、名刺に「経済産業大臣登録 中小企業診断士」と記載した。三年間、この瞬間をどれだけ夢みてきたかを思い返すと、感無量だった。

だが、資格を取得したからといって、すべてがうまくいくわけではない。喜び勇んであちこちに名刺を配ったが、得意先を含め、ほとんどの人たちは反応してくれない。名刺に肩書きが入ったところで、魅力ある具体的なアピールがない限り、先方には何も伝わらないのだ。

そこで、従来のように、商品の売り込み中心の営業ではなく、経営課題の解決にまで踏み込んだアプローチを始めた。具体的には、以下のようなものだ。

・経営戦略の観点から、どのようなお店を目指すのか
・それを実現するための経営理念は、どうなっているのか
・財務の観点から、借り入れ比率はどの程度か。また、計画を実行するためにどれだけの日商や月商が必要か
・人事の観点から、人材の定着についてどうするか。また、人材育成についてどうするか
・仕入れの観点から、仕入れロスはないか。また、売上高に対して適当な仕入れ高か
・情報システムの観点から、売上分析ができているか。また、伝票集計作業に忙殺されるより、多少コストは発生するものの、情報システム導入を検討してはどうか

そのほか、中小企業向けに国から提供されている施策（補助金、減税など）を案内するなど、数え上げればキリがない。

もちろん、こうしたアプローチをしても、すべてに反応してもらえるわけではなく、ましてや、私自身がすべてを解決できるわけでもない。ただ、得意先は日々、課題や問題に直面して

いるため、同じ土俵に立って会話ができれば、こちらに興味を示してくれ、話もはずむ。先方に切り込むネタが格段に増えたことで、アプローチしやすくなったことはたしかである。

この新しい営業スタイルを確立して以降、私は数々の飲食店の受注を獲得できた。

たとえばある店は、他社の生ビールを主に使用し、創作系居酒屋を二店舗展開していた。最初の訪問では、社長に素っ気なく応対されたが、何度か訪問を重ねるうちに、社長や従業員の言葉も増えてきた。そこで、彼らからの情報を整理し、提案を開始した。

社長には、こだわりの料理を扱う飲食店を年間一店舗ずつ展開していきたいという夢があった。それを実現するうえで解決すべき最大の課題は、ヒアリング内容から推測する限り、人材育成である。この課題解決に協力することが受注の獲得に直結する、と私は考えた。

そこで、課題解決のためにＯＪＴの強化、売上目標達成報償制度の導入、定着を強化するために社会保険制度の充実、借り上げアパートの導入による人件費の福利厚生化を提案した。その結果、社長から全幅の信頼を得ることに成功した。新店舗出店に際しての相談は、すべて私にくるようになり、既存店も当社主売で獲得できた。

またある店も、同じく他社の生ビールを主に使用し、和風居酒屋を三店舗展開していた。社長と年齢が近いこともあり、会話にはある程度応じてくれるものの、商売の話になるとはぐらかされる状況が続いていた。

そんな中、会話を重ねるうちに、最大の問題点が判明した。社長が日常業務に忙殺され、本来、経営者として考えなければならない経営戦略や新店舗開店計画立案ができない状況、いわゆる「計画グレシャムの法則」に陥っていたのだ。

私は、社長にこの問題を提起した。このままでは永久的に、今の店舗展開にとどまってしまうことを指摘し、何とかともに状況を打開していこうと提案した。ようやく、社長の目の色が変わった。私の話に、今まで以上に耳を傾けてくれるようになったのだ。

手始めとして、それまで手作業で行っていた売上集計を見直し、勤怠管理を効率化するために、情報システム導入の検討、右腕となる人材育成のために、その部門での成功者が主催する講演会への出席（私も同行）、採用のために、人材バンクの紹介など、精力的に提案を行った。また、財務諸表を三期分提供していただき、将来のために獲得すべき利益計画を提案するとともに、食べ盛りの子どもを抱える社長個人が、どれくらいの年収を必要とするか、また、そのためにはどれくらいの年商を稼がねばならないかなど、家庭内にまで踏みこんだ提案も行った。

その結果、すべての既存店舗で当社主売を獲得できた。課題解決型の営業スタイルに向け、変革の芽が出始めた瞬間である。

全社的な営業スタイル変革を目指して

私は、アサヒビールグループを取り巻く厳しい経営環境の中で、中核事業である酒類事業を盤石な収益体質にし、未来永劫、世界で通用し、存続できる会社にすることに貢献したいと考えている。そのためには、企業が他社と戦うために必要な競争優位の源泉を、商品力だけでなく、他社からの模倣が困難な人材力にするよう強化することが重要だと考えている。

もともと、個々の持つ対人能力やノウハウは、豊富である。これらをさらにブラッシュアップし、連携・結集できれば、競争優位を確立できるだろう。そして、私がこの取組みの一翼を担うことができれば、嬉しく思う。

では具体的には、どのようにすればよいか。

わが社は、商品力に頼る営業担当者が多い現状を変革するため、コーポレートブランドを強化し始めた。「変わる」という強いメッセージを、私たち現場に発信しているのだ。だが現場では、「変わらなければ」という言葉だけが先行し、具体的な行動変革にまでは至っていない。具体的な方法論が確立されていないからである。

私は前述したとおり、「経営」に着目して、中小企業診断士の勉強で得た知識を活用しながら、自身の営業スタイルを変革し、数々の大口飲食店獲得に成功してきた。その経験上、この課題解決型営業こそが、グループを変革していく具体的な方法論の一つになると確信している。

私は現在、外食MDとして従事している。自身が得た課題解決型営業のノウハウを、埼玉地区の営業担当者へ水平展開することを目指して、個別案件ごとにOJT型で開示し、提案力向上に努める中、ある程度の評価をいただいているものと自負している。だが私は、この取組みをさらに、全社的に水平展開したい。そのためには、部門展開を行ったこの段階で、ノウハウを会社として整理し、マニュアル化しなければならないだろう。

アサヒビールグループには現在、中小企業診断士有資格者が二十名ほど在籍し、「アサヒビールグループ診断士の会」を結成している。ノウハウの整理とマニュアル化にあたってはぜひ、この会の同志の力を結集したい。そしてそれが、会社の業績向上のみならず、得意先である中小企業の業績向上にもつながれば、私たち中小企業診断士が本来、国から期待されている役割である「中小企業の活性化」にも貢献できるわけで、この上ない喜びである。

こうした活動を続けて、成功事例を蓄積・整理体系化し、広く活用できるようにすることこそが、「職業、企業内診断士」を確立する近道ではないだろうか。

他企業の企業内診断士の皆さんへ

まずは、とりとめのない悪筆を読んでいただき、感謝申し上げたい。

皆さんも、資格取得にあたってはそれぞれ、きっかけがあっただろう。「将来、独立したい」、「自己研鑽のため」など動機はさまざまだと思うが、共通しているのは、「自身をステップアップさせたい」ということではないだろうか。

中小企業診断士資格を取得して、自身をステップアップさせる方法の一つは、独立してコンサルタント事務所を立ち上げ、生計を立てる道である。大変ではあるが、大きくステップアップできる可能性を秘めた、魅力ある道だ。だが私は今のところ、この道を選ばず、企業内診断士というもう一つの道に大きな魅力を感じて突き進んでいる。

企業内診断士の魅力は、自らが所属する愛着ある企業を、よりよい方向に導くことに貢献できる喜びが感じられる点だろう。もちろん、貢献の仕方には、ピンからキリまである。

キリのレベルでは、自分の仕事の質が向上することによる貢献である。資格取得により、私の頭の中にはわずかではあるが、物事を整理するフレームワークができつつあるように思う。

これまでは、何気なく上司の指示や社内連絡を受けていたのが、「この指示は何のためか」、「これを実施するメリット・デメリットは何か」などと考えるようになったのだ。あるときは問題提起を行い、あるときは改善提案も行う。このような形で会社に貢献できていることが、非常に嬉しい。

ピンのレベルでは、前述のとおり、社員の持つ知識やノウハウを、課題解決型の営業ノウハウを活用してブラッシュアップし、連携・結集させることによる、企業の競争優位確立への貢献である。これに成功すれば、社業を通じて中小企業とかかわり、その企業をよりよい方向へ導くことができる。そして、コンサルタントの醍醐味を感じるとともに、「企業内診断士」という職業にも誇りを持てるだろう。名実ともに、「自身をステップアップさせたい」という目標を実現できるのだ。

いつの日か、皆さんと企業内診断士のあり方について、酒を酌み交わしながら熱く語る機会が持てれば、ありがたい話である。最後になるが、皆さんのますますのご活躍と、企業内診断士のさらなるブランド力向上を祈念して、結びとしたい。

profile

斎藤　憲〈さいとう　けん〉

一九九八年北海道大学経済学部卒後、アサヒビール（株）に入社。営業担当を経て、現職。二〇〇七年四月中小企業診断士登録。

五．転職のち希望部署への異動、ときどき知識深化

グループ調達部　山本　憲一

私の中小企業診断士への挑戦は、まさに人生のエポックとなる礎である。勉強開始と時を同じくして転職し、中小企業診断士の資格をテコに、希望部署への異動も実現した。さらには、資格をかすがいに新たな挑戦をすることで、人脈も拡大できた。

以下、この流れについて振り返ってみたい。

アサヒビールへの転職

「アサヒビール株式会社　経営企画・財務・量販営業中途採用を募集！」

二〇〇一年六月。当時、ある総合商社に勤務していた私は、東京メトロ東西線の中吊り広告

をみて、震えが走った。

世の中はまさに、商社不要論の真っただ中。私が勤務していた商社もご他聞にもれず、特金・ファントラでの損失を数千億円抱え、存亡が危ぶまれていた。

その頃、すでに中小企業診断士の勉強を始めていた私は、会社の行く末を心配するとともに、アサヒビールへの魅力も感じていた。「スーパードライは一番好きなビールだし、業界最大手で伸び盛りの会社も面白いかも。応募要件だけでもみてみよう」。帰宅後の夜中、軽い気持ちではあるが、家族には気づかれぬよう、ホームページにアクセスした。

三十代も半ばにさしかかり、自身を振り返って、「プロの職業人」であると果たして言えるのだろうか、と疑問を抱いていた私。社会人の一つの区切りとして、経験や知識の集大成となるものがほしい、と強く思い始めた時期だったことも重なり、それらの証として、中小企業診断士の勉強を開始していた。と同時に、自身の価値が外部からどのように評価されるのかを知りたくなった私は、アサヒビールへの転職にもチャレンジすることを心に決めた。

幸い、書類選考を通過し、トントン拍子で面接も通過、量販営業担当として内定通知を手に入れた。中小企業診断士の勉強で得たスキルを活用し、自身をＳＷＯＴ分析することで、強み・弱み、貢献できるポイントを明確に整理し、伝えられたことが、勝因だったのではないかと思う。

その後、内定を得て、迷うことなく転職を決めた私は、十月一日付で「首都圏本部東京支社量販営業部」へ配属となり、アサヒビールでの第一歩が始まった。

実は、この転職活動や退職引き継ぎのゴタゴタの最中に、中小企業診断士一次試験があった。新試験制度移行の第一回目試験だったため、幸いなことに準備不足にもかかわらず、非常に高い合格率にも恵まれて合格。しかし、転職直後の十月に行われた二次試験では案の定、実力不足が露呈し、惨敗だった。

「転職」と「試験合格」という二つの大きなイベントに、同時に勝利することの難しさを実感した私。その時点では、翌年に合格できる自信もまったくのゼロだった。

配属された量販営業部の中心業務は、量販店の店頭で、消費者に一本でも多く、スーパードライを中心とするわが社の製品を買ってもらうためのしかけづくりである。一日に何店もの量販店を訪れ、ときには土日の店頭応援にもかり出される。前職の営業とはまったく異質で、未経験の業務の連続だった。また、商品知識や業界知識も乏しかった私には正直、二次試験の勉強をする精神的・物理的余裕がなかった。

しかし、次に失敗すると、また一次試験からやり直しである。仕事に少し慣れてきた五月頃から、日曜日のみの受験校に通い、通勤前の一時間と往復の通勤時間を、集中的に二次試験の勉強にあてた。これだけでも、四〇〇時間を超える学習時間が確保できる。

また学習内容についても、あれこれ手を出さず、最小限のものに集中する方針をとった。財務・会計に関しては、一冊のテキストのみを徹底してくり返し、その他の科目は、過去問や模試をくり返し何度も解いて、妻に採点を頼んだ。中小企業診断士の勉強経験がない妻に、解答の一貫性とメッセージが伝わるかどうかをポイントに採点してもらうことで、説得力ある解答が書けるようになったと思う。

そして二〇〇二年十月、万全の準備の末、二度目の受験で二次試験を突破し、私は晴れて、中小企業診断士の仲間入りを果たした。合格後の実務補習も、メンバーに恵まれた。下は二十代の学生から、上は七十代の上場企業子会社社長経験者まで、銀行員や税理士なども含み、年齢・職種ともにバラエティに富んだ、非常に優秀な人材の集まりだった。

ちなみに、実務補習後も指導教官を中心に、四半期に一度の割合で定期勉強会を開催している。実務補習時にダジャレが飛び交うほどよい関係だったことから、会の名前はＤＪ会と命名された。勉強会には毎年、新たな合格者が加わるため、どんどん活発化し、今では四十名以上の大所帯となった。彼らは私の大切なブレーンであり、心休まる仲間たちでもある。

彼らの能力の高さや旺盛な知識欲に刺激を受けた私は、さらなる知識深化を図るべく、国内ビジネススクールへの挑戦を考え始めていた。しかし、資料を取り寄せ、検討していた矢先の二〇〇三年九月、私は「九州地区本部営業企画部」への異動辞令を受け取る。ビジネススクールへの挑戦は、いったんお預けとなった。

九州地区本部では、量販促統括と量販チェーンへのリテールサポート業務を担当した。当時のわが社は、M&Aでさまざまな企業を買収し始めていた。M&Aに興味を覚えるとともに、会社全体のバリューチェーンやサプライチェーンがどのように機能しているのかに興味を持ち、経営企画部門への憧れをより強くしたのも、この頃からである。

憧れの経営企画部

九州に着任後、二年半が経った二〇〇六年二月、「事業開発部、M&Aスタッフを募集」という社内公募を、ポータルサイトの掲示板でみつけた。経営企画部門への異動を希望していた私は迷わず、山崎九州地区本部長に、応募したい旨を相談した。

「お前が希望しているのは知っているよ。きっと相談にくると思っていた。せっかくのチャンスだから、申し込んだらいい」。本部長はそう、背中を押してくれた。本来、このような相談は、所属部署への造反行為ともとられかねない。自分を追い込んだことで、もう後には引き下がれなくなった。

私は、一次の書類審査を無事通過し、二次の面接へと進んだ。面接では、「事業開発部を希望した理由」、「会社に貢献できるキャリア・能力」、「あなたがM&Aをする場合のターゲット案とその理由」などについて質問された。ふだんから考えていたことを自分の言葉で伝え、中小企業診断士の勉強によって、ターゲット選定のプロセスや財務諸表の読解、企業価値算定について、実務上の最低限の知識は持ち合わせている点を強くアピールした。

晴れて社内公募に合格した私は、四年半所属した営業部門を卒業し、六月から事業開発部へ異動することになった。そして、九月には事業開発部が経営企画部に統合され、労せずして、憧れの経営企画部への異動が実現したのだ。

部の機能統合により、経営企画部は大きく三つの機能を担った。一つ目は、経営会議、経営戦略会議事務局および経営計画策定支援などのガバナンス関連、二つ目は、飲料事業および食品事業会社の管理統制機能、三つ目は、企業買収および企業提携（M&A）である。

私は、飲料事業のチルド分野を担当することになった。職務内容は、チルド分野におけるM

&A、アライアンス、買収したばかりの（株）エルビーの買収後監査（ポストマージャーインテグレーション）などなど。同時に、事業系会社や機能系会社の業績評価も行った。これらは、中小企業診断士として学んできた知識が大いに活かせる領域で、私は企業経営理論や財務・会計、経営法務の知識を総動員し、職務を全うした。

M&A・事業会社管理の本質

M&Aとは、「Mergers and Acquisitions」の略語で、直訳すると、「企業の合併・買収」となる。一般的には、企業全体の合併・買収だけでなく、株式譲渡・新株引受・株式交換や事業譲渡、合併、会社分割などさまざまな手法があり、特定の事業の譲渡や緩やかな資本業務提携も含め、広い意味での企業提携の総称として用いられる。

わが社の場合も、一〇〇%子会社化する完全買収から、一部の資本を持ち、緩やかに業務提携を進めるものまで多種多様である。前者には、和光堂（株）やシュエップスオーストラリアの買収、後者には、カゴメ（株）との業務資本提携があてはまるだろう。

いずれにせよM&Aは、グループの成長戦略をベースに、「ターゲット企業の探索と詳細情報の調査」→「ターゲット企業へのアプローチ」→「秘密保持契約の締結」→「売手企業の詳細情報の入手」→「条件・価格交渉・トップ面談」→「基本合意書の締結」→「買収監査（デューデリジェンス）の実施」→「クロージング」→「買収後監査」というステップを経て、短くて半年、長ければ数年もの時間をかけ、ファイナンシャル・アドバイザーや弁護士、税理士、公認会計士などの専門家の協力を仰ぎながら進められていく。

こうしたステップ全般、および専門家とのやりとりには、中小企業診断士の勉強で得た知識が非常に役立った。おそらく、この基礎知識がなければ私は、専門用語が飛び交う会話の意味すらわからなかっただろう。そして、大きなM＆Aは実現できなかったものの、カゴメ（株）との業務資本提携や、アサヒ飲料と（株）エルビーの一部事業の譲渡、そのほか成就しなかった多数の案件は、私に新たな経験と自信をもたらしてくれた。

ちなみに、事業会社の管理は、中小企業診断士の腕のみせどころである。私が担当したのは、（株）エルビーである。業績評価については、企業価値を測定する財務指標、ROA、ROE、ROICなどの明確な経営指標を定義し、各社ごとにバランス・スコアカードを活用した業績管理目標を設定して、目標管理を行った。そして、四半期ごとに状況を収集・ヒアリングし、進捗を整理したうえで、経営陣に報告していた。

（株）エルビーは、チルド清涼飲料を製造・販売する、資本金四億九、〇〇〇万円、従業員

二四八名、売上高一七九億円（二〇〇九年度実績）の企業であり、二〇〇五年にグループの仲間入りをした。
私は（株）エルビーに対し、「成長戦略」、「収益性管理」、「リスク管理」の三つの視点で、業務上の問題発見・解決策の提案・業務改善の補助、経営戦略への提言などを、観察・整理・構成・分析・指導・プレゼンテーションのスキルを駆使しながら、成長と効率化を同時に実現するために支援していた。まさに中小企業診断士の業務で言う、企業経営全般に関する診断・助言業務を実践していたとも言えるだろう。

このように、経営企画部での担当業務そのものが、企業内診断士として知識・ノウハウを活かす最適な業務だったと思う。私にとって、「プロコン見習い業務」を実践できる、有意義で充実した時期だった。

社会人大学院への挑戦

私は、首都圏本部在勤時にかなえられなかったビジネススクールへの挑戦を考え始めていた。まずは、経営企画部へ異動着任後に受験でき、学費の安い国公立大学院に的を絞った。そして、業務上でも補完性、関連性のある、経営戦略論で著名な森本教授がいる首都大学東京の受験を決意するまでに、時間はかからなかった。

二〇〇六年十一月、私は首都大学東京経営大学院を受験した。試験は書類選考、筆記試験、面接試験の三段階。特に筆記試験は、経営戦略論、マーケティング論、ファイナンスなどから一問を選択する小論文形式だった。私は経営戦略論を選択し、中小企業診断士の勉強で得た知識を総動員して、何とか合格を勝ち取ることができた。

首都大学東京では、念願の森本教授のゼミに所属した。経営戦略論を研究テーマに、国際経営特論、マーケティング・マネジメント特論、戦略的ゲーム理論、ロジカル・ライティングなどを履修し、知識をさらに深化・発展させ、起業者的能力・経営管理能力を身につけることを目標とした。つまり、戦略的な思考能力と高度な経営管理に関する知識を有し、国際的に活躍できるプロフェッショナル・スキルを獲得しようと目論んだのだ。マイケル・ポーターをはじめ、ジェイ・B・バーニー、ヘンリー・ミンツバーグらの偉大な経営学者の理論を論文で研究し、ケーススタディなどの実践で検証するという、理論と実務を融合した有意義な二年間を期待していた。

だが実際の通学は、思った以上にハードだった。特に一年目は、平日夜間の二日間と、土曜日終日を講義受講にあてなければならない。しかし、都庁内のサテライトオフィスへの通学には約一時間かかるため、十八時半から始まる講義に間に合わせるには、終業時刻の十七時半には会社を出る必要がある。業務上、支障をきたすことなく、何とか八割程度、講義に出席できたのは、上司や同僚の協力のおかげだった。

とは言え、講義に出席するだけでは単位取得もままならないし、そもそも意味がない。毎回、課題が出され、次の講義までに提出、もしくは発表しなければならないのだ。社会人だからと言って、甘えは許されない。当然、睡眠時間を削るか、空き時間を効率よく使うかしか方法はなかった。

私は、家族サービスや同僚・友人との付き合いを最低限にとどめ、すべてを犠牲にして勉強に取り組んだ。その甲斐あって、当初、目論んでいた理論と実務の融合には及ばなかったものの、非常に密度の濃い日々を過ごすことができたと思う。実際、私は、最初の一年で必要単位

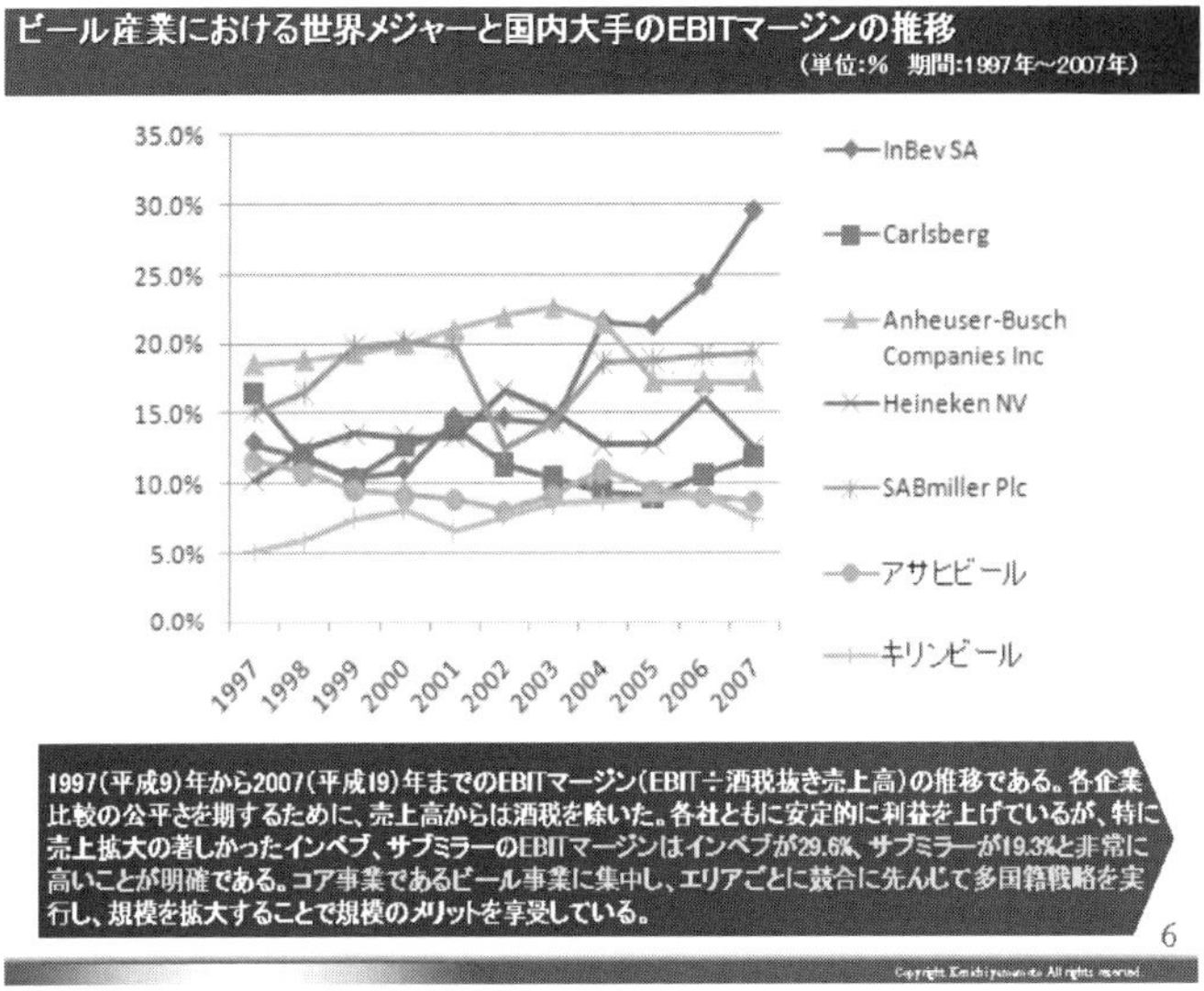
ビール産業における世界メジャーと国内大手のEBITマージンの推移
（単位：%　期間：1997年〜2007年）
35.0%
30.0%
25.0%
20.0%
15.0%
10.0%
5.0%
0.0%
1997
1998
1999
2000
2001
2002
2003
2004
2005
2006
2007
InBev SA
Carlsberg
Anheuser-Busch Companies Inc
Heineken NV
SABmiller Plc
アサヒビール
キリンビール
1997（平成9）年から2007（平成19）年までのEBITマージン（EBIT÷酒税抜き売上高）の推移である。各企業比較の公平さを期するために、売上高からは酒税を除いた。各社ともに安定的に利益を上げているが、特に売上拡大の著しかったインベブ、サブミラーのEBITマージンはインベブが29.6%、サブミラーが19.3%と非常に高いことが明確である。コア事業であるビール事業に集中し、エリアごとに競合に先んじて多国籍戦略を実行し、規模を拡大することで規模のメリットを享受している。
6

をほぼ取得し、二年目は修士論文に専念することになった。

修士論文は、マイケル・ポーターの「競争の戦略」を引き合いに出し、ビール産業を事例に、「成熟市場における競争環境の一考察」を書き上げた。内容は、市場が成熟期を迎えている日本国内市場の中、典型的な寡占産業で成熟期を迎えているビール産業を取り上げ、「競争の戦略」における限界点を指摘したうえで、各企業の戦略および収益構造に相違が発生するメカニズムを分析したものだった。

その中でも特に、欧米のメジャーと国内大手四社（アサヒビール・キリンビール・サッポロビール・サントリー）の競争戦略の変遷および収益構造の違いを比較したうえで、同一業界内

で戦略行動に相違が生まれ、利益率の格差が生じる事実を把握し、そのプロセスと原因を考察した。成熟市場での寡占産業における戦略行動の動的プロセスに関する事例研究は今後、ますます成熟期を迎える日本市場にとって、将来の方向性を占う意味でも意義深いだろう。

また、日本のビール産業各社が、各社特有の保有資源に基づいて競争優位を築き、売上と利益の成長を実現している現状を研究することで、新たな知見を提供できただけでなく、私自身、産業の全体像や世界での位置づけに関する理解が深まり、ビール産業の潜在的可能性を改めて確認できたことも、非常によかったように思う。そして私は無事、修了を認められた。

社会人大学院修了を通じて私は、家族や同僚の大切さを再認識した。また、濃厚な時間をともに過ごした仲間との新たな人脈は、貴重な財産となった。ちなみに彼らとは、卒業後も一定の頻度で集まり、情報交換を続けている。

今後は、指導教官も交え、定期的に勉強会を行う方向で話がまとまっている。この人脈は、ぜひとも大切にしたい。そして当然、勉強会終了後の懇親会では、スーパードライを飲み交わしながら、夜が更けるのも忘れるほど徹底的に議論する予定である。

グループ・グローバル調達の仕組みづくりへ

二〇〇九年八月下旬、上司の浜田経営企画部長から声をかけられた。

「山本君、希望していたグループ調達部に異動してもらうよ。新しい部署でも頑張ってくれ」

青天の霹靂である。まさか異動になるとは、思ってもいなかった。やり残したこと、着手すらできていなかったことが、山ほどあった。しかし、「製造業にとって、コストの源泉である調達の仕事は非常に重要で、やりがいがある」と気持ちを切り替え、自身が経営企画部所属時に策定した、調達部門における多額のコストダウン目標を背負って異動した。

これまでの旧調達部は、アサヒビール単体のビール類および総合酒類の原料（麦芽、ホップ、コーンスターチ、糖類、果汁など）とその資材（缶、段ボール、マルチクラスター、びん、王冠、ラベルなど）の調達活動を中心に行っており、グループ本社の位置づけではあるものの、グループ・グローバル各社の調達・購買活動支援はおろか、その実態すら把握できていなかった。また、酒類系の原料・資材に関する業務品質やオペレーション体制は高度化しているが、調達情報全体の可視化や目標に対するPDCAサイクルが回しきれていない結果、個別にはコストダウン効果があったとしても、他部署からは評価されにくい状況だった。

このような状況下、部名がグループ調達部に変わったこともあり、私は以下の項目に着手し始めた。

・現状の全体像を明らかにし、調達品目各々の実状を可視化すること
・グループ各社における主要品目ごとの総購買量把握と単価のベンチマーク
・コストダウン目標達成のための具体的施策策定と目標管理
・これらの情報をバリューチェーン上の関連部署、関連各社と共有するとともに、経営陣に報告すること

当然のことばかりではあるが、まず業務活動を可視化し、情報整理することによって、有用

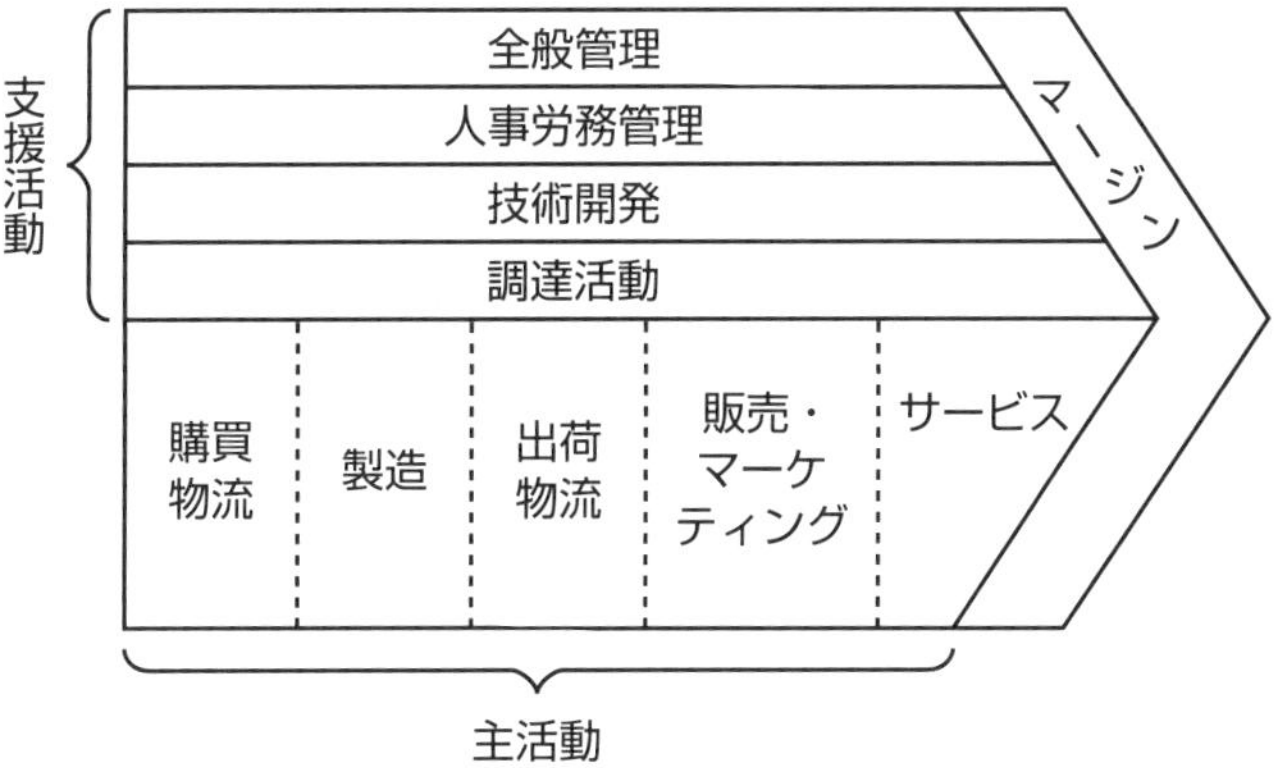

な情報だけを読み取り、そこから課題を抽出し、具体的なアクションプラン（行動計画）につなげるよう、鋭意取組み中である。

こうしてみると私は、常に前向きに、希望に向かって挑戦しているように映るかもしれないが、すべての挑戦の源泉は、中小企業診断士資格にたどり着く。自分にとっては、この資格に挑戦したことがすべての始まりであり、何の取り柄もない自らの原動力となっている。

また資格をかすがいに、「アサヒビールグループ診断士の会」をはじめ、中小企業診断士の勉強会、ビジネススクールの勉強会など、目標や目的、志を同じくし、自身の知識欲を刺激してくれる仲間との人脈もできた。今後もその人脈を大切にし、さらに拡大するとともに、新たな知識やノウハウを積み重ねていけるよう、公私ともに挑戦し続けたい。そして結果として、わが社の価値向上の一端を担い、感動をわかちあえれば、幸いである。
最後にもう一つ、この場をお借りして、陰ながら協力・応援してくれた妻と娘に感謝するとともに、親父の頑張る姿をみせたことで、娘にもよい影響を与えられたものと信じている。

profile

山本　憲一〈やまもと　けんいち〉
一九八九年名古屋大学経済学部卒後、丸紅（株）に入社し、繊維部門で営業に従事。二〇〇一年九月、同社を退社し、アサヒビール（株）に入社。営業、営業企画、経営企画部を経て、二〇〇九年九月よりグループ調達部でグループ調達戦略策定などを担当。二〇〇三年四月中小企業診断士登録。

六．変わる、変える営業現場

営業戦略部　北村　宏之

「何か変わらないと…」

「何か変わらないと…」

この思いが、私が中小企業診断士の資格取得を志したきっかけだった。

当時の私は、入社八年目。三十歳になっていた。神戸の業務用市場で社品を拡販する営業担当として、得意先や社内の上司・同僚にも恵まれ、営業成績もおおむね順調だったが、「新しい切り口で営業活動を組み立てられないものか」とぼんやりではあるが、考えていた。そして二〇〇二年二月、「どうせやるなら」と、難関資格である中小企業診断士の勉強を始めたのだ。

社会人なら誰もがそうだと思うが、わが社の営業も朝から夜まで得意先回りをし、業務（またはプライベート）での飲酒の機会が多い（しかも、大いにアルコール好きである）ため、学習時間の確保が大きな課題だった。そんな中、週末や昼食時間といった一〜二時間の空き時間を活用するなどして、何とか翌年、資格を取得できた。

大学受験以来、十五年近くもまともに勉強したことはなかったが、中小企業診断士の勉強内容が非常に面白く、新鮮だったこと、また、特に根拠がないにもかかわらず、家族や同僚に合格を宣言してしまったこと、さらには、思い立ったその日に、受験校に費用を全額払い込んでしまったこと（後に、教育訓練給付金で大部分が戻ってきたが）などが、学習を続けられた理由だったと思う。「あの、いつも飲み歩いている北村でも合格できたなら…」ということで、何人かの同僚が資格取得に向けた取組みを始めたのも、嬉しい限りである。

二〇〇二年九月、私は、本店の国内酒類事業を担当する酒類事業本部（当時）の企画部に配属された。国内酒類における事業計画（資源配分を含む）の策定や、酒類全体、カテゴリー別の需要予測、新しい仕組みの企画立案導入などを担当する〝小難しそうな〟部署である。入社以来、営業外勤ばかりで、ワードとエクセルの違いもよくわからない中、何とか業務を遂行できたベースに、資格取得を通じて得た知識や、やりきる力があったことは間違いない。もちろん、言うまでもなく、当時の上司や同僚のご指導の賜物でもあるが…。

その後、私は監査部（経理や総務法務、情報システムなど、畑違いの分野を含め、大変勉強になった）を経て、現在は営業戦略部で、国内酒類事業の営業戦略を考えたり、それに応じて本社・事業場の営業組織を組んだり、事業場の業績評価の仕組みを運用したり、といった業務を担当している。先はまだ長いが、「何でもわかるように、何でもできるようになりたい」と思い、日々の業務に向かっている。

さらに私は、中小企業診断士の資格取得後も、「ビジネス実務法務二級（東京商工会議所の認定試験で、合格するとビジネス法務エキスパートを名乗れる）」や「公認内部監査人（内部監査業務の国際的な資格。通称ＣＩＡ）」などを定期的に取得している。

私たちビジネスマンにとって資格とは、一部の業務遂行に必須のものを除けば、取得したからどうこうというものではないと思う。とは言え、資格取得にあたっての勉強が、業務の幅や奥行きを広げ、自らの発想（企画力）を豊かにする土台となることは、間違いないだろう。

日々の業務の繁忙に流されず、決めたことをやりきる強い意思を持って学習を続け、体系的に知識を収集すること。これは、そう簡単にできるものではない。今後とも知識の幅を広げ、自分にできる業務を増やしていきたいと思っている。

業務において、資格がどのように役立ったか

ここでは、資格を業務に活かすことができた具体例を、自らの職歴とあわせて述べたい。

私は、資格取得後の三十代のほとんどをスタッフ職として、アサヒビール本店で過ごした。職務内容は主に、酒類本部企画部と営業戦略部、監査部で、

①調査関係業務
・中長期の酒類需要予測や各種シミュレーション、POS分析など
②事業計画のうち、営業体制関係の企画立案、推進
・営業組織の企画立案（人員計画、制度設計を含む）、推進運用など
③内部監査業務
・アサヒビール、グループ会社の内部監査業務全般（営業、生産、物流、機能系会社など、海外を含む）

を担当した。

いずれの業務でも常に心がけていたのは、まだまだ満足のいくレベルではないが、根拠や理由をわかりやすく明示し、全体像がイメージしやすいように表現することである。私は、このロジック構成力・表現力のレベルによって、受け手が自ら、「変わろう」、「変えなくちゃ」と考える納得性に大きな差異が出ると感じている。

一般的に、何かを変えようとすれば労力がいるし、慣れた方法で仕事をしたほうがラクだろう。だからこそ、変える意義や意図が正確に伝わらなければ、いくら発想がよくても意味はない。

たとえば、わが社の監査部による内部監査業務では、規律監査に加え、業務監査も実施する。規律監査とは、法律や社内ルールなどに違反する事例への指摘であり、○か×かの世界だからこそ、受け手も納得しやすい。

一方の業務監査とは、「～なので、～することを検討いただきたい」といった提案を行うものである（×ではないが、今後、こんなリスクも考えられるという、いわば予防措置）。ここでは特に、世の中の流れや他社の実際の事例、会社の考え方などの根拠や理由を構成する幅広い知識と、納得性を高める表現力が必要になる。

これはまさに、中小企業診断士の勉強過程で得たものと同じである。財務・会計や運営管理、経営法務といった幅広い知識を（一次試験）、根拠や事由までわかりやすく表現し、改善提案を構成する（二次試験）。このことは、コンサルティング業務はもちろん、会社の上司や部下、同僚など、すべての階層でのすべての業務（コミュニケーションを含む）に共通することだと思う。

環境変化とわが社の対応

私は一九九二年、新卒でアサヒビールに入社し、研修後、外勤の営業担当として福岡支社へ配属された。

国内酒類業界における流通構造は原則、メーカーであるアサヒビールから、特約店と呼ばれる卸業者を通じて、小売業者の酒販店へ販売され、飲食店や消費者へ納品される。当時は、酒販小売業免許の規制が強く、小売段階ではその多くが、地元に根ざしたお酒屋さんで販売されていた。販売ルートが限定的だったこともあり、原則、一律的な販売価格で消費者へ納品されていたのだ。

競合環境についても、市場は寡占状態に近く（ビール会社大手は、アサヒビール、キリンビール、サッポロビール、サントリー）、必然的に、主として特約店や酒販店、飲食店の店主やキーマンを対象とした、人間関係中心の営業活動によって活動していた。そんな中、わが社の取り扱いはビール主体で、商品数も限られていた。営業担当にとっても、どこで、どのような活動をしたらよいのかが、ある意味、明確だったと言える。また、国内におけるビールカテゴリーの総需要も比較的安定しており、主力のスーパードライを中心に、売上高は一九九四年以降、順調に伸長していた。

だが、一九九〇年代後半から、以下のとおり、当社を取り巻く環境は大きく変化していく。

①アルコール総需要の減少

消費人口の減少や、若手世代を中心とした消費量の低下などにより、アルコール全体の消費量は逓減傾向にある（参考：二〇〇九年当社推定容量ベースで、二〇〇〇年比約△一〇％）

②カテゴリー間のシフト（消費の多様化）

二〇〇〇年代前半、芋などの焼酎乙類、チューハイなどの低アルコール飲料が増加した。またビール市場でも、生活防衛意識の高まりなどにより、価格の安い発泡酒や新ジャンルが大きく販売量を伸ばしている

③売場の変化

酒類販売（小売）業免許が緩和され、スーパーマーケットやコンビニエンスストア、ドラッグストア、家電販売店などさまざまな業態・店舗でお酒が売られるようになった。また飲食

店においても、チェーン店の比率が高まってきた

④環境意識・健康意識の高まり

地球温暖化などの影響で、環境保全に対する意識が高まっている。同時に、健康に対する意識も高まり、食や運動、飲酒や喫煙に対する大きな意識の変化がみられる

こうしたさまざまな環境変化により、わが社も今まで以上にお客様を知り、お得意先を知り、競合の動きを知ることが必要になった。営業現場でも従来、わが社が得意としてきた人間関係の構築力に加え、お客様やお得意先に役立つ提案型の活動を行うべく、意識や仕組みの変革を行ってきた。そしてその一環として、資源配分や営業組織の変更、取り扱い商品の拡充などを実施し、体制を整備・強化している。

たとえば、取り扱い商品の拡充については、従来のスーパードライを主体としたビールに加え、発泡酒（スタイルフリーなど）・新ジャンル（クリアアサヒ、アサヒオフなど）、焼酎（かのか、大五郎など）、洋酒（竹鶴、ブラックニッカクリアブレンドなど）、低アルコール飲料（カクテルパートナー、Ｓｌａｔなど）、ワイン（無添加有機ワイン、バロンフィリップなど）やノンアルコール飲料（ポイントゼロ）といったカテゴリー、ブランドをラインアップした。こ

うすることで、消費者にわが社の製品を選んでいただけるよう、最大限に効果・効率を上げられる提案型の仕組み（商品開発、消費者へのアプローチ、営業活動の組み立て、機材の開発など）の構築を目指している。

また、食を扱う製造・販売会社として、昨年からアサヒスーパードライ「うまい！を明日へ！」プロジェクトを実施している。これは、対象期間中に製造・販売された商品一本につき一円を寄付し、都道府県単位で自然や環境、文化財などの保護・保全活動に活用していただくもので、会社としての社会的責任を果たすべく、中期的な視点で推進していく取組みである。

変えるべきこと、変えてはいけないこと

わが社では、「長期ビジョン2015」を策定するとともに、本年から「中期経営計画2012」をスタートした。目標とスケジュールを明確にし、会社として目指すべき姿を社内外へ明示しているのだ。

現在、わが社の国内酒類営業部門には、約一、六〇〇名の社員が所属している。また、飲食店向け営業活動の一部を担当するアサヒドラフトマーケティング社に約七〇〇名、同じく量販店向け活動の一部を担当するアサヒフィールドマーケティング社に約八〇〇名の社員が在籍

し、全体の営業活動を実行している。

そして、これらの社員一人ひとりが自ら気づき、成長していくことこそが、わが社が目標とする、「永続的にお客様に支持され、発展し続けられることの実現」への原動力となるだろう。会社としては、「一人ひとりが、能力を最大限に発揮できる環境と成長の仕組みを提供し、仕事を通じての自己実現、感動の共有をサポート」すべく、各種施策を立案・実行しているが、以下に、人事部・国内営業部門が主体となった成長支援に関する取組みの一例をご紹介する。

①ブラザー・シスター制度（新入社員向け）

三十年以上前から継続して行われている制度。新入社員全員が、正式配属となる九月まで約四ヵ月間にわたり、ブラザー・シスターとなる先輩社員から、仕事の進め方や基本はもちろん、「アサヒビールとは何か」、「継承していくべきＤＮＡ（＝変えないもの）とは何か」を学んでいくものである。基本的に、ブラザー・シスターとなる先輩社員が、新入社員育成を主眼に置いてスケジュールを組み、実行していく。

もちろん、私も先輩社員に面倒をみてもらった。何もわからない中、ときには生意気なことを言っていた思い出もあるが、自分が面倒をみてもらったからこそ、当然、後輩の面倒もみるものという意識が全社員にあるのだろう。研修などに加え、日々のＯＪＴこそが、教わる側、教える側双方の成長につながることを実感できる仕組みである。

②武者修行制度（担当者向け）

わが社には、二つの武者修行制度がある。異業種のグループ外会社に一年程度出向する「社外向け」と、社内の、いわゆるトップセールスと言われる営業担当社員に一週間程度、自らの担当業務を離れて同行する「社内向け」である。いずれも、受講者やその上司・同僚から、「さまざまな角度から、モノをみる目を養えた」、「自分に何が足りないか、これからどうしていくべきかを実感できた」といった意見が多く聞かれる。

社内向けに関しては、入社後、自らのレベルや自身の振り返り、場合によっては目標とすべきところを確認できる、また社外向けに関しては、多様なものの見方を醸成できる、大変有効な仕組みである。

③ワイガヤ研修

二〇〇七年から開始された研修で、役員と公募してきた社員が、決められたテーマに沿って皆で言いたいことを語り合う、一泊二日の研修シリーズ。階層の大きく違う者同士が理解を深められる絶好の機会である。

ちなみに、わが社の社員食堂は社員全員が利用しているが、社長はよく、目の前でそばやラーメン、定食を食べていて、同席となった社員に話しかけている（なお、かけそば一杯は一五〇円)。

④体験型研修

ビールや焼酎、ワインなどの工場で、商品ができるまでを体験できる研修である。実際に受講した営業担当社員からは、「商品に誇りが持てた。今後、自信を持って得意先にすすめたい」、「改めて、わが社がものづくりの会社であることを実感した」、「相互理解のため、生産現場の社員にも営業研修の場を提供したらどうか」など、数多くの意見が寄せられている。

⑤サンセットセミナー

他企業や他団体の方を招き、企業理念や取組み事例などをお聞きして、情報交換を行うセミナー。原則、勤務時間外に、九〇分程度のスケジュールで実施している。自身の視野拡大や、新たな人脈形成の一助が目的である。

そのほか、わが社のOBが全国を回り、入社三年目前後の社員や中途入社の社員に面談を実施し、将来のキャリアプランや仕事の方向性などの相談を受ける「キャリアアドバイザー制度」や、異動希望を直接当該部署へ伝えられる「ダイレクトアピール制度」、また、会社が設定した資格取得に対する支援制度(中小企業診断士を含む)や、職場単位での簿記やビジネス法務などの勉強会といったさまざまな取組みを通じて、社員一人ひとりの気づきと自己実現を実現できるよう、会社の仕組みとしてサポートしている。

先日、「二〇一〇年 日本における『働きがいのある会社』ベスト25」（日経ビジネス三月一日号）という記事で、アサヒビールが第六位に選ばれた。

わが社の自発的退職率は、一%を切っており、社員はおおむね、「働きやすい、働きがいのある会社」と考えているようである。私自身もそうだが、わが社の製品が大好きで入社した社員が多いことも、理由の一つだろう。実際、私は今でも、買い物に行って、お客様が店頭でスーパードライやクリアアサヒ、ワンダやミンティアといった社品を手にとってくださっているのをみると、非常に嬉しい。

また前述のとおり、会社も社員の成長支援について、さまざまな仕組みを用意している。そして社内外から、「明るく、風通しのよい社風」との評価も聞かれる。

今後は営業現場でも、「変えるべき」ことと「変えてはいけない」ことを、一人ひとりが考えていかなければならないだろう。そして、個の変化が全体の変革につながれば、もっと強く、働きがいのある会社になるのだと思う。

出る杭、出ようとする杭を、どんどん伸ばしていくわが社の風土を、今以上に醸成させていくこと—そのために、私も個の一人として、引き出しをできるだけ多く持ちながら、周囲の刺激となれるよう、これからも「挑戦」していきたい。

profile

北村　宏之〈きたむら　ひろゆき〉

一九七〇年二月生まれ。一九九二年早稲田大学政治経済学部卒後、アサヒビール（株）に入社。福岡支社、神戸支社で九年間営業を担当後、二〇〇一年より本店酒類本部企画部、監査部、営業戦略部で勤務。二〇〇三年三月中小企業診断士登録。月の半分は飲みに行き、残りの半分は近所のスポーツジムで汗を流す。小学五年生を筆頭に、三児の父親。

第３章

グループ内からみたアサヒビールグループ診断士の会

一・〈特別編〉荻田 伍代表取締役会長インタビュー「その感動を、わかちあう。」

聞き手 川口 和正（フリーライター）

ビール単品会社から総合飲料食品メーカーへ

――アサヒビールグループの沿革と、最近の動向について教えてください。

私どもの会社は、ビール単品会社として明治二十二（一八八九）年、「大阪麦酒会社」の名で創業しました。戦前の三社統合と、戦後の分割を経て、現在のアサヒビールとして設立されたのが、昭和二十四（一九四九）年です。おかげさまで二〇〇九年には、創業百二十周年・設立六十周年を迎えました。

ビールというのは、戦後、とりわけ昭和四十～五十年代にかけて、大きく飛躍した商品です。沖縄を除けば今日まで、わが社を含めた四社のほぼ寡占状態できました。とは言え、われわれが設立以来、競争において常に厳しい環境に置かれてきたのも事実です。昭和六十年には、マーケットのシェアが9.6％にまで落ちました。しかし、昭和六十二年に発売した「スーパードライ」の大ヒットで息を吹き返し、今日まで発展してきたのです。

ところがここにきて、日本では徐々にお酒全体の消費量が減ってきています。発泡酒など、新しいカテゴリーも生まれています。もはや、ビールさえやっていればうまくいく時代ではありません。国内市場が成熟する中、海外への展開も求められています。

――ビールをめぐる状況の変化の中で、今後の進むべき方向性とは？

ビール単一メーカーではなく、総合的な飲料・食品メーカーとして成長していくべきだと考えています。二〇〇〇年代に入り、ニッカウヰスキーや旭化成、協和発酵工業の酒類事業、アサヒ飲料などを統合し、和光堂や天野実業などの食品会社を含め、「アサヒビールグループ」としてグループ経営を図っています。

また、海外進出にも積極的に取り組んでいます。中国の「青島ビール」への出資や、「シュウェップス・オーストラリア」の買収など、グローバル食品企業でトップレベルの事業規模を

目指しています。
企業を成長させる、あるいは企業の存立を支えるのは、会長でも社長でも役員でもありません。現場を支える社員一人ひとりだと、私は思っています。社員の力をどのようにつけていくのか。それが今、もっとも大きなテーマになっていると思います。

アサヒビールグループ診断士の会は、自立型の社員集団

――どんな社員が今、求められているのでしょうか。

われわれはこれまで、「アサヒスーパードライ」や「三ツ矢サイダー」というブランドを育て、お客様のニーズに応えてきました。しかし、それだけではこの先、生き残っていけません。社員には、グローバル化に対応できる知性が必要になってきますし、資本・業務提携やM&Aを実施する際には、財務などの知識も求められます。
そしてやはり、自立型の社員が欲しいですね。自ら考えて、自ら行動する。いつもプラス思

考で、何事にも積極的に取り組む。現状を打破するような社員たちが、会社には必要だと思います。

――「アサヒビールグループ診断士の会」は、まさに自立型の社員の集まりなのでは？

この会のことを最初に知ったとき、「中小企業診断士試験に合格するような前向きな者が、こんなにたくさんいるのか！」と私はまず、驚きました。アサヒビールだけでなく、アサヒ飲料や和光堂など、グループ会社の社員もいると聞いて、さらによいことだと思いました。

試験に合格するには相当、勉強しなければならないでしょう。試験自体も、かなり難しいと聞いています。誰に強制されたわけでもなく、毎日の忙しい業務のかたわら、自主的に勉強を積み重ねてきたわけですからね。「よくぞ、やったものだ」と感心しました。

しかも、手弁当でこうした集まりをつくって、定期的に会合を開いているというじゃないですか。中小企業診断士と言えば、いずれは会社を辞めて独立を目指すといった「一匹狼」のタイプが多いと、私は思っていたんです。ところが、彼らはその持てる力を活かして、会社に貢献しようと考えている。そのことが、とても嬉しかったですね。

――二〇〇九年六月には、同会との懇談会が開かれたそうですね。

当時、私は社長だったのですが、「こりゃあ、社長もウカウカしていられないな」と思いましたね（笑）。「『企業の成長は、人材の成長なくしてありえない』と言われるが、現在行われている人材育成について、どう思うか？」、「M&Aのプロセスで、もっとも重要だと考えている点は何か？」といった突っ込んだ質問が、会のメンバーからいくつも寄せられたのですから。

三十代後半～四十代の中堅社員が、こんなに熱い思いで、会社のことを考えてくれている。自らの業務にとどまらず、会社そのものがどんな課題を抱えているのか、ものすごく真剣に考えている。「課題解決のために、自分たちは何をしたらいいのか」、「役に立てることがあればぜひ、取り組みたい」。そんな熱意と気概を強く感じました。

中小企業診断士として、顧客の問題解決に臨め

——中小企業診断士が集まった場という意味では、同会にどのようなことを望まれますか。

「お客様が満足する商品やサービスを提供していればいい」という時代は、終わりました。これからは、お客様に感動していただけるものを提供することが大事になってきます。そこで今年、われわれは、新たにグループ共通のコーポレートブランドステートメントとして、「その感動を、わかちあう。」を制定したんです。

たとえば、われわれのお得意様は、お酒屋さん、量販店さん、スーパーマーケットさん、コンビニエンスストアさん、料飲店さんです。経営や雇用、財務の問題など、皆さん、日々悩んでおられる。そんな悩みの相談に乗って、少しでも解決のお役に立つことで、お客様との信頼関係をさらに深めていけると思うんですよ。つまりわれわれには、問題解決能力も求められているわけです。

会のメンバーたちには、自分たちの持つ専門知識を活かし、そうしたお客様の悩みに積極的に応えてほしい。問題を抽出し、そこに優先順位をつけて、改善策を提案してほしいですね。「こういうサジェスチョンを待っていたんだ！」、「うちにきてくれて、本当にありがとう」。

そんな感謝や感動を、お客様に与える存在になってほしいと思います。

——会長ご自身も、かつて営業支店長を務めていた頃、顧客から経営相談を受けたことがあるそうですね。

平成に入って、酒類販売の規制緩和が進み、卸や小売業者の皆さんの不安が大きくなっていた頃のことです。「俺の店の経営、どう思う?」、「今の商売をやっていて、大丈夫だろうか?」といった相談を、よく受けました。ところが、私は入社以来、ずっと営業畑できたものだから、貸借対照表や損益計算書をみせられても、何のことかさっぱりわからない(笑)。

「これではいけない」と一念発起し、通信教育で一年ほどかけて、財務について学びました。仕事のかたわら、休日などを使い、必死で勉強しましたね。でも、私が学んだことなど、中小企業診断士の分野で言えば、おそらく初歩のレベルでしょう。「中小企業診断士資格も取ってみたい」と思ったけど、「自分には高嶺の花だ」とあきらめて、チャレンジしなかった。ですからなおのこと、会のメンバーたちの固い意志、モチベーションの強さを頼もしく感じるのです。

情熱と行動で、それぞれの「坂の上」を

――会社の仕事を通して、顧客、ひいては社会に貢献することを強調されますね。

結局、われわれが何を望んでいるかと言えば、「仕事を通じて、世の中の役に立ちたい」、「人のために、いいことをしたい」ということに尽きると思うんですよ。

聖路加国際病院の日野原重明先生は、子どもたちに「命」というものを教えるとき、こうおっしゃるそうです。「今は自分のために、命をしっかり使いなさい。しかし、大人になったら、人のため、世のために役立つことをやりなさい」と。

われわれも、自分たちの提供する商品やサービスが、お客様の楽しさやストレス解消につながる、役に立つ、存在価値があると思うから、仕事をしているわけですよね。

会社に勤める時間は、人生の多くを占めます。仮に八十歳で亡くなるとして、そのおよそ半分、四十年を会社で過ごすとした

ら、この間に自己実現し、自分を成長させることが、人生を豊かにする。ですから、社員には会社にいる間に、自分をどんどん磨いてほしいんです。「会社の仕事を通して、社会に貢献している」という思いが、社員の間で共有できれば、会社も成長していくと思います。

――最後に、同会への応援メッセージをお願いします。

司馬遼太郎さんの『竜馬がゆく』や『坂の上の雲』などを読むと、一人ひとりが実にいきいきと活躍している。なぜ、幕末から明治の時代の人たちには、あれほどのエネルギーがあったのか、と考えるんです。

たとえば、坂本竜馬という高知の田舎で生まれ育った男が、日本がこの先、どんな方向に進むべきかを構想する大人物にまで成長していきますよね。彼らがそこに至るプロセスには、きっと師がいたと思うんですよ。竜馬の場合、それはお姉さんだったり、剣道の師匠だったり、勝海舟だったでしょう。師から大局的な見方を教わりながら、モチベーションを高めていったのではないかと思います。

　このことを、われわれのグループに引き寄せて考えると、それは「人材育成」や、社員への「指導」、「教育」という問題にあてはまります。しかし、師にあたる経営者や上司がいくら「教育」をしたところで、社員自身が「成長していきたい」という気持ちを持っていなければ、何も変わらない。お互いに共鳴し合わなければ、誰もいきいきしないし、会社も強くなりません。社員からふつふつと沸いてくるエネルギーが、大事なのです。

　アサヒビールグループ診断士の会は、間違いなく会社を変えてくれる存在だと思っています。グループを挙げてバックアップし、彼らが飛躍する風土づくりをしていきたいですね。

　われわれが撒いた種を、次の世代である彼らの手で、花開かせてほしい。情熱と行動で、それぞれの「坂の上」を目指してほしいと期待しています。

二・挑戦

取締役酒類本部長　長尾　俊彦

「挑戦」—耳に心地よい響き、心に熱いものを呼び起こす言葉である。

アサヒビールのDNAは、挑戦であるとわれわれは自負しているし、社外からその評価を受けていることも事実だろう。

たしかに、創業時における先達の進取の精神と、不遇時代の業界初の試み（缶ビール、ギフト券、業務用ミニ樽など）をはじめとするさまざまな取組みを振り返ってみると、自慢したくもなる。だが、何と言っても極めつけは、「もう後がない」と言われ、われわれ自身もそう認識した昭和六十年に始まり、スーパードライが発売された昭和六十二年、そしてそれ以降のNo.1奪回までの過程であり、これはまさに、「奇跡への挑戦」だったように思う。

本書の副題にもある「アサヒビールグループ診断士の会の挑戦」は、この奇跡への挑戦ほどの華々しさはないし、規模も小さい。しかしながら、各メンバーの課題への挑戦や、克服しようとする姿勢、もがき、葛藤と、それを越えた達成感はまさしく、当社のＤＮＡの発露と言えよう。以下に挙げたとおり、個から組織へと発展し始めた同会の成長に、大きな期待とロマンを感じるのは、私だけではないだろう。

・学習する風土づくり
・単なる学習から実践へ、座学から現場主義へ
・個々の取組みから線、面、組織への発展へ

まだまだ動き始めたばかりだが、自ら課題を求め、次のステップへ挑戦する動きは、素晴らしいのひと言に尽きる。願わくば、本書を出版することがさらなる飛躍への糧となることを期待し、何らかの形でそのお手伝いができるよう、私もかかわっていきたい。

長尾　俊彦〈ながお　としひこ〉

三．頑張れ！　前向き集団

執行役員 人事部長
丸山　高見

「アサヒビールグループ診断士の会」という名の「スーパー前向き集団」ができてから、早いもので二年が過ぎた。「自分自身を磨くとともに、力を合わせて企業に、社会に、大いに貢献しよう」という、実にアサヒらしい、部門横断型の集団である。

一人ひとりの課題解決能力はきわめて高く、かつ彼らは、心優しく温かく、そして熱い。人事の人間が言うのだから、間違いない。酒好きで、お茶目なタイプも多い。好奇心たっぷりに、新しいことへの挑戦を楽しむ。実に素晴らしい仲間だと思う。

アサヒビールは二〇一〇年、日本における「働きがいのある会社」ランキングで六位に入賞し、四年連続でベスト10以内となった。毎年、八十～九十社に上る優良企業の中での入賞であり、とても光栄に思う。例年、特に評価が高いのは、「会社や商品、仲間が大好き」という項目である。

三年前、この仕組みをつくり、世界に広げたアメリカ人のトップが、当社にヒアリングにみえた。「営業担当者と話がしたい」との要望だった。そこで、当社の営業マンと対話の場を設け、彼から質問してもらった。

「あなたのやる気はどこからきているの？」という質問に対し、当社の営業マンは、「荻田社長（現・会長）を男にしたいのです」と答えた。同席した通訳が、「男にする」という日本語を伝えるのに大変苦労し、ようやく伝わると、皆で大笑いしたのを思い出す。アサヒビールグループで働く者として、実によくわかる感覚である。職場でも、自然にそういう言葉が出てくる。まったく違和感はない。


世間では、「なまじ難しい資格を取得する者は、謙虚さや思いやりを失い、上から目線となって評論を好み、汗水を流したり泥をかぶったりすることを避け、周囲から浮いてしまうことがある」、「それまで明るく元気に挨拶をしていた者が、しなくなった」などと言われることもある。「仕事もできないくせに、何が勉強だ」などと、勉強する者への偏見もある。

しかし、当社のこの前向き集団に至っては、まったくそのようなことはない。彼らは、優しくて強い。知的パワーと人間的パワー、ビールで言えば、「コク」と「キレ」をあわせ持つ、実に頼もしい仲間なのだ。当然、社内の信頼も厚い。われわれ人事は、それをよくわかっている。

アサヒビールグループは、長期ビジョン二〇一五に基づき、酒類事業の収益力を大事にしつつ、食品、飲料、グローバルの方向に向けて、ヒト、モノ、カネの資源を積極的に投入する決意をした。さまざまな分野で専門性を高め、「世界と伍して戦える人材、組織」を育んでいかねばならない。全社員に対しても、「学習する習慣をつくろう」と呼びかけている。

同様に、全執行役員、準役員クラスの社員が、会社のリードにより、経営者向けの猛勉強を開始した。泉谷社長による、「上からの改革」の一環である。

たとえば、全管理職が社内英語検定を受けた。また全所属長、事業場長が三六〇度評価を受け、自分に合った選択型研修を受講するなど、ビジョン達成に向けた社員の成長支援策を、次々に展開している。

中でも、この前向き集団による、公募性のグループ社員向け自己研鑽セミナー（中小企業診断士編）は、人気セミナーの一つで、社員の学習意欲を大いに刺激する機会となっている。「先輩たちのように、仕事と学習を両立させ、自己成長を実現したい」という、素朴で健全な動機の者が多い。「学習する風土づくり」に向けた看板セミナーである。仲間どうしの面倒見のよさは、わが社のお家芸のようなもので、彼らがいきいきと喜んで指導してくれるのが、何とも愛らしい。当然、乾杯・懇親会付きである。

アサヒビールグループは、人と人の絆を大切に、挑戦し続けてきた組織である。それは、グローバル戦略においても、新規事業においても、同様である。

ウォームハートとクールヘッド、人を人として扱う温かさ、熱さ、そして合理的な知識と技術―私たちもグループの強みを大切にしながら、自己改革を図っていかねばならない。上も下もない。全社員が自己成長を図り、会社を発展させ、世界の人々に貢献するのだ。

人事部長として、熱く、前向きな彼らの取組みに、大いに期待している。

丸山　高見〈まるやま　たかみ〉

四．ダイバーシティの恵まれた環境下で

アサヒビール（株）本社
T．N
（中小企業診断士資格受験生）


「このままでいいのだろうか？」

娘が生まれて半年ほど経った頃から、時折私の中で噴き出す、どうしようもない焦りと不安。毎日、赤ちゃんと二人きりで、社会から隔絶された感覚。「会社に復職して、私に何かできるのか」と、自問自答をくり返す日々が続きました。

そんな中、「育児休業中だから、勉強しよう」と、かねてから興味のあった中小企業診断士を目指すことを決意。以前、所属していた部署の先輩が中小企業診断士として幅広く活躍され、その方から資格の魅力を伺っていたことも、私の背中を押してくれました。

「二次試験の勉強方法がわからないのですが、教えてください！」

一年半の育児休業から復帰して三日目の朝、私は、同じ部署の中小企業診断士の先輩に向か

って、わらをもすがる気持ちで聞いていました。私は当時、大手受験校に通っていましたが、二次試験のあいまいさ（方向性がわからない点）に悩まされ、何をどのように学習すれば、スキルが着実に備わっていくのかが不明確のまま、勉強を続けていたのです。

先輩は、昼休みにさっそく、六年間分の過去問の問題・設問と、オリジナルの『解答メソッド』を用意し、懇切丁寧に教えてくださいました。

・「解答の根拠は必ず、問題・設問にある」
・「設問の制約条件を意識しながら、解答を記入すること」
・「解答は、問題・設問の文言をできるだけ使用すること」…

またある日には、他部署の先輩とともに、勉強会を開催してくださったり、社外の勉強会情報を提供してくださったりもしました。各部署に所属する中小企業診断士の皆さんから、情報が一気に集まってきて、「アサヒビールグループ診断士の会」の行動力とネットワーク力に感動するとともに、「ぜひ合格して、仲間になりたい！」と強く思いました。

「ママになったからと、あきらめては終わりなんだよ」。先日の懇親会の席では、役員の方からこう言われました。

　会社人生は、あきらめたらそこで個人の成長が止まり、何も生み出せなくなってしまう。そんな、厳しくもありがたいお言葉をいただき、二次試験に対するモチベーションが下がっていた私は、改めて奮起しました。

「子育てをしているから、時間がない。勉強もできない」と、やらない理由をみつけるのは簡単です。でも今は、十月末の二次試験に向けて、自分をうまくコントロールしながら、着実に進みたいと思っています。


　子育て中の私は現在、会社の「短時間勤務制度」を利用しています。わが社には、多様な挑戦者を積極的に支援する風土があります。ダイバーシティの恵まれた環境下で、周囲の理解あるメンバーに助けられながら、仕事と子育てのバランスを図ることができています。

　すき間時間をみつけては、目標とする中小企業診断士資格取得に向けて、「あいまいな」二次試験と格闘する日々。今年こそは、会のメンバーやお世話になった方々と一緒に、スーパードライで乾杯する姿をイメージして、必ず栄冠を勝ち取りたいと思います。

第４章

社外からみたアサヒビールグループ診断士の会

一・アサヒビールの現場力

（株）アビーム代表取締役
伊藤　嘉基

「アサヒビールグループ診断士の会」のメンバーは、高い志と機動力、そして顧客志向を持つ獅子たちである。

彼らに初めて出会ったのは、創設十余年を迎え、私も幹事を務める中小企業診断協会東京支部の酒類業研究会（現・〈酒と食〉マーケティング研究会）だった。この研究会は、参加する中小企業診断士が情報交換を行い、診断技術を切磋琢磨しつつ、酒類業全般に貢献していこうという場である。創設時より、国税庁酒税課との連携もあり、十年以上にわたって業界の構造改善指導事業、酒類関連業界や組合への助言・指導に貢献してきたと自負している。

あるとき、私が国税局の依頼を受け、酒類小売業者を対象に、経営に関する講演を行った際、受講者から経営再建の相談を受けた。趣旨を伺うと、同店は売上が激減し続け、生活に切迫している気配も感じられたため、私は無償で支援を行うことにした。

お手伝いの交換条件は、支援実績を研究会のノウハウとして蓄積し、それを広報させていただくこと。さらには、経営改善活動にあたり、各種の実験的挑戦をさせていただくことも約束して、支援はスタートした。

この活動に、アサヒビールグループ診断士の会のメンバー・A氏が参加してきた。月に一度行われる研究会の後、二十一時からミーティングをくり返し、休日には店に通って、戦略を検討。店の品揃えやレイアウト、販売促進など、すべての見直しにとりかかった。店内のレイアウトに至っては、十一本あるゴンドラを約半分に減らし、平台を店の中央に据えるという大幅な変更である。「崖っぷちの経営状態で、改装資金がない」のが前提の当案件。私たちは皆、軍手や手袋をして自らからだを動かし、汗まみれになった。

A氏には、冷蔵ケース（ウォークインクーラー）内の商品配置変更をお願いしていたが、他の加工食品との関連購買動向の検討、来店者特性の十分な吟味に加え、現状の売れ行きから勘案した今後の見込み、絶妙な棚割とレイアウト、さらには店全体のゾーニングに至るまで、積極的な助言で店づくりに貢献してくれた。彼は、中小企業診断士としてのスキルを、フル活用していた。冷蔵室内にほぼ一日こもるなど、人の嫌がる作業にも率先して取り組むA氏。店主は大変感激していたが、きっとアサヒビールの株も上がったことだろう。研究会として、そうそう頻繁には訪店できない中、こまめに顔を出してくれた彼の行動の根底には、責任感と、「すべてはお客様のために」という基本的な信念があったように思う。

お客様は買い物がしやすくなったか、店の売上は改善したかと、ずっと気にかけていた彼の姿が、今も目に焼きついている。ちなみに当店は、無事黒字化するとともに、数年ぶりに経常利益を出すこともでき、健全経営中である。

その後、縁あって、アサヒビールグループ診断士の会のほかのメンバーともお付き合いを始めたが、皆さん、A氏同様の資質と使命感を持っており、私も大いに刺激を受けている。目の前の課題に積極的に挑戦し、関与する全員の感動を創出しようという理念や、企業風土の影響も大きいのだろう。

日本を代表する大企業の一つである同社に属する中小企業診断士が、志を持ち、スピーディに全力で、顧客のために立ち向かう。同じ中小企業診断士として、頼もしい限りである。

社内の勉強会も、非常に高いレベルで展開されている。一人ひとりでも十分に優れたレベルなのに、社内、そしてグループで連携し、シナジー効果を上げていく。私はこのような例を、ほかに知らない。

彼らの今後のいっそうの躍進を、心から願ってやまない。

profile

伊藤　嘉基〈いとう　よしき〉

一九八一年獨協大学外国語学部卒後、広告会社や商社で主としてマーケティング業務に従事。国税庁・国税局の酒類行政に関する支援、税務大学校での研修講師などで、酒類業界とも関係が深い。現在は、ＮＰＯ法人東京城南中小企業診断士会会長を務めるほか、(株)アビーム代表、サニーサイドアップグループ(株)ワイズインテグレーション取締役など、マーケティング領域にて事業展開中。中小企業診断士。

二．風通しのよい社風に感動

富士通（株）　小松原　拓

私は、中小企業診断協会東京支部城南支会の場で、「アサヒビールグループ診断士の会」の幹事役と親しくさせていただいていました。それが縁で、弊社の診断士会と交流を深め、「パナソニック電工診断士の会」も加わって、三社合同の交流会（ちなみに、アサヒビールでは「ワイガヤ」と呼ぶそう…）を行いました。

交流会は、参加メンバーの自己紹介に始まり、各社診断士会の活動状況を報告し、最後に自由討議という形で進められました。それぞれ業態が異なり、年齢層に幅があるうえ、担当業務も多岐にわたるため、当初は盛り上がるかどうか、不安もありました。

しかし、参加者には全員、「企業内診断士」という共通の肩書きがあります。そのため、受験生時代の苦労をわかちあうことができ、また、本業との兼ね合いなど共通の悩みを抱えていることで、話は尽きず、当初の心配はまったく杞憂に終わりました。

アサヒビールグループ診断士の会は、就業時間外での関連企業へのコンサルティング、中小企業診断士受験セミナーの開催、社長との懇談会など積極的に活動されており、見習う点が多々ありました。また皆さん、あらゆる面で積極的かつ自由闊達な点、さらには、人事部門や社長をも巻き込んで会を運営されている点など、風通しのよい社風にも大変感動しました。

ちなみに交流会は、アサヒビールの本社会議室をお借りして実施し、その後、近くの直営レストランに場所を移しました。そこでしか飲めないスーパードライエクストラコールドや隅田川ブルーイングの美味しかったこと。時が経つのをすっかり忘れてしまうほどでした。なお、アサヒビールでは今後、スーパードライエクストラコールドを取り扱う飲食店の拡大を積極的に図っていくそうです。

私は、独立診断士を正選手とするならば、企業内診断士は控え選手だと考えています。であるならば、ただベンチに座っているのではなく、声がかかればいつでもグラウンドに飛び出していけるよう、しっかりウォーミングアップをしていなければなりません。具体的にはたとえば、企業環境や経済産業省の施策などの情報収集を怠らない、自社の財務諸表を分析・評価する、身近な職場の改善提案を行う、といったことでしょう。受験時代に培った知識やノウハウを、今いる職場にあてはめてみることが重要だと思います。

その観点でみれば、今回の交流会は、ウォーミングアップの一環とも言えます。今回は、一部メンバーのみで行われましたが、全メンバーが一堂に会する場を設定できれば、企業内診断士の輪はもっと広がります。また、同様の会を持つ企業が多く集まれば、輪はさらに大きくなるでしょう。会の発展を、心より祈念いたします。

profile

小松原　拓〈こまつばら　たく〉

一九七七年富士通（株）に入社。教育部門、事業推進部門などスタッフ部門ひと筋。現在は、ビジネスマネジメント室にてＩＳＯ認証取得・更新業務に従事。二〇〇四年三月中小企業診断士登録。「富士通診断士会」世話役。

三．企業内診断士としての活動に刺激

パナソニック電工創研（株）　丹田　浩司

私の「アサヒビールグループ診断士の会」の皆さんとの出会いは、中小企業診断協会東京支部城南支会の財務診断研究会で、幹事役とご一緒させていただいたのが始まりです。

以前から、同会の活動内容はお伺いしており、大変興味を持っていました。私が勤務しているパナソニック電工（株）グループにも、一部の有志が集まった中小企業診断士の会はありますが、懇親を深めることが主目的となっていたため、お互いのスキルを向上させる活動を実施したいと考えていました。そんな折、私は、富士通（株）も含めた三社合同の交流会のお誘いを受け、有志の会のメンバーと一緒に皆様の活動を学ぶべく、参加させていただいたのです。

交流会では、初めてお会いする方がほとんどでしたが、皆様、中小企業診断士という共通のプラットフォームがあるため、さまざまな垣根を越えてお互いの活動内容を理解でき、大変有意義な時間を過ごせました。特に、アサヒビールグループ診断士の会の皆さんが実施した「関連企業・得意先様へのコンサルティング活動」、「中小企業診断士受験セミナーの開催」、「社長との懇親会」、「外部講師を招いてのセミナー」などの多岐にわたる活動は、同じ企業内診断士として、大いに刺激になりました。また交流会後は、相互理解をさらに深めるために、懇親会までご準備いただきましたこと、この場をお借りして、厚く御礼申し上げます。

交流会後、参加メンバーが集まって反省会を開いた際に皆の口から出た言葉は、「行動」でした。苦労して取得した中小企業診断士という資格を、現在の自分の業務や自社の業績アップ、経営活動に活かしていきたいと思っているだけでは、何も変わりません。「自ら一歩踏み出すことによって、思いが叶う」という当たり前のことに、気づかされました。

弊社の創業者・松下幸之助社主の著書「道をひらく」にも、同じことが書かれています。

「思案にくれて立ちすくんでいても、道はすこしもひらけない。道をひらくためには、まず歩まねばならぬ。心を定め、懸命に歩まねばならぬ。それがたとえ遠い道のように思えても、休まず歩む姿からは必ず新たな道がひらけてくる」

現在、メンバー間で、「道をひらく」ための計画を考えています。その手始めとして、私の所属するパナソニック電工創研（株）では、社内向けの二〇一〇年中小企業診断士受験対策講座の立ち上げに参画し、三十名近くの受講生を集めてスタートさせました。そのほかにも、関連会社様・代理店様・工事店様・工務店様などのコンサルティング活動に取り組むべく、着実に歩んでいく予定です。

今回は、三社のみの交流会でしたが、今後は参加企業を増やし、輪をどんどん広げられればと思っています。そして夢は大きく、お互いの本業だけでなく、企業の枠を超えて、日本経済の活性化につながるような活動へ展開できればとも考えています。

今後もぜひ、皆さんの知恵と力をお貸しください。最後になりますが、会の発展を心より祈念いたします。

profile

丹田　浩司〈たんだ　こうじ〉

一九九二年成蹊大学法律学科卒後、パナソニック電工（株）に入社。電材部門の市販営業を経て、現在はグループ会社のパナソニック電工創研（株）で階層別研修やスキルアップ研修などの人材育成業務に従事。二〇〇六年四月中小企業診断士登録。中小企業診断協会東京支部城南支会所属。

四．アサヒビールグループを社外からみて

日清食品（株）マーケティング部　村瀬　貴幸
（二〇〇八年十二月アサヒ飲料（株）退社）

社外からみたアサヒビールグループ

アサヒビールグループの企業風土は「挑戦」、「感動」だが、私がアサヒ飲料（株）を退社し、外に出て感じる一番の特徴は、「愛社精神の強さ」である。逆説的に言えば、その愛社精神の強さがあるからこそ、こうした企業風土があるのだと思う。

グループ内では日常的に、「アサヒ愛」という言葉が飛び交い、社員同士が、かけ声ではなく心から、「もっと会社をよくしよう」と語り合っている。また、自社商品に強い愛着と誇りを持ち、プライベートを含めて、他社の商品を口にすることはない。私も自身の結婚式で、シャンパンではなく、三ツ矢サイダーで乾杯したほど、強い「アサヒ愛」を持つ一人だった。

これは、食品という身近で日常的な商品を扱っていることや、自社製品であるお酒を通じて、日頃から「飲みニケーション」を深めていることとの影響が大きいだろう。そして、社員のこうした行動が、企業としての強さにつながっているのではないかと感じている。

アサヒビールグループ診断士の会について

「アサヒビールグループ診断士の会」では、定期的な勉強会の開催や社内セミナーの講師、得意先への実務診断など、幅広い活動を行っている。こうした活動ができるのも、グループ内に多数の資格保有者を抱え、人事部をはじめとした社内の理解があるからだろう。

私自身も、会を通じて多くの人脈を築くことができたし、実務診断ではリーダーを務めさせてもらうなど、成長につながる貴重な経験ができた。また、社内セミナーとは言え、講師としての経験ができたのは、非常に大きかった。

結果的に私は、アサヒビールグループから離れ、縁あって日清食品に籍を置くことになったが、現在でも会にはときどき参加し、よい刺激を与えてもらっている。

ここまでの会を組織するのは、なかなか難しいかもしれないが、皆様もまずは、社内に中小企業診断士がいないかを調べ、情報交換から始めてみてはどうだろうか。それが、貴重な人脈と経験を築く「○○診断士の会」設立の一歩になるものと、私は考えている。

企業内診断士のあるべき姿

企業内診断士が目指すべき姿は、ひと言で言えば、「社内や得意先から一目置かれる存在になること」ではないかと思う。

企業内で、中小企業診断士としての能力をもっとも発揮できるのは、「経営企画」、「マーケティング」、「営業企画」などの企画部門と思われるが、誰もがそのような部署で働けるわけではない。しかし、どんな部署にも必ず、中小企業診断士としての能力を活かす機会がある。たとえば営業であれば、得意先に対して、業績を向上させるための一歩踏み込んだ提案ができるし、管理部門であれば、業務効率化の提案ができる。

そのうえで、「やはり、中小企業診断士の○○はすごい！」と社内外から言われるようになる必要がある。それが、名刺に「中小企業診断士」という肩書きを入れる者としての責任であり、ひいては中小企業診断士の社会的な地位向上にもつながるだろう。

そのためにも、資格取得＝ゴールではなく、通過点であることを心に刻み、今後も自己研鑽を続けていきたいと思っている。

profile

村瀬　貴幸〈むらせ　たかゆき〉

二〇〇〇年青山学院大学経営学部卒後、アサヒ飲料（株）に入社。営業、営業企画部門を経て、二〇〇五年より経営戦略部にて経営管理や構造改革などを担当。二〇〇八年十二月に同社を退社し、日清食品（株）に入社。現在、マーケティング部で商品開発を担当する。二〇〇八年四月中小企業診断士登録。

五．アサヒビールとの「協働」

カゴメ（株）東京本社コンシューマー事業本部
笹田　隆史

二〇〇七年二月、私が勤務するカゴメとアサヒビールは、業務・資本提携を締結した。当時は、海外投資ファンド・ＩＴ企業による敵対的ＴＯＢがメディアで多く取り上げられており、一部の食品関連企業もターゲットになっていた。このような背景もあり、最初に「カゴメとアサヒが業務・資本提携を締結した」という断片的な情報を聞いたときは、正直驚いた。社長からのメールやプレスリリースで、その内容を確認していくうちに、驚きが徐々に消えていったのを覚えている。

と同時に私は、奇妙な縁も感じた。一九九〇年の就職活動中、最後まで就職の選択を迷ったのが、カゴメとアサヒビールの二社だった。なぜカゴメを選んだのか、記憶はまったく残っていない（おそらく、大した理由ではないのだろう…）が、このような形でアサヒビールの方々と「協働」できるチャンスが与えられたことを、大変嬉しく感じている。

私の所属する生鮮野菜事業部は、ひと言で言えば、「生トマトの仕入れ・販売業」である。従事して三年になるが、生鮮野菜事業はまだ立ち上がって十年と、他事業に比べて歴史が浅く、現状では採算性も低いため、活用できる経営資源がかなり限定されている。事業単体ですべての業務を効果的・効率的に遂行することは、およそ不可能なのだ。仕入れについては各調達拠点と、販売については、社内はもとより、外部の食品・生鮮関連企業と良好なパートナーシップを構築し、協働でお客様に価値ある商品をお届けすることの重要性を、身をもって感じている。

業務・資本提携後、二社間ではすでに、研究開発・調達・生産・販売およびサービスといった分野で協働を推進しているが、残念ながらまだ、私が直接関与する機会はない。「アサヒビールグループ診断士の会」の皆さんとは、定例会・懇親会を通じてさまざまなビジネスの情報交換をさせていただいているが、一日も早く、できれば農業の分野で、協働できる機会を待ち望んでいる。

profile

笹田　隆史〈ささだ　たかし〉

一九六八年生まれ。関西学院大学社会学部卒後、カゴメ㈱に入社。営業、営業スタッフ職を中心に従事し、二〇〇七年より生鮮野菜事業部にて勤務。同年四月中小企業診断士登録。日本ＦＰ協会会員ＡＦＰ。

六・個性輝く、アサヒビールグループ診断士の会

(株)フォースタイル代表取締役
（パーソナルスタイリスト）
久野 梨沙

「ぜひ、講演会をやってもらえませんか？」

そんなメールをいただいたのは、二〇〇九年も終わりを迎えようという頃でした。「中小企業診断協会が発行する会報誌『企業診断ニュース』で、私の連載をみて…」というそのご依頼は、編集部を通じて私の元に届きました。そのメールをくださったのが、同じく『企業診断ニュース』に何度か寄稿されていた「アサヒビールグループ診断士の会」の幹事役。そしてこれが、同会とのご縁の始まりとなりました。

「パーソナルスタイリスト」という私の職業は、一般個人の方のスタイリストとなり、ファッションアドバイスをしたり、お買い物に同行して服をお見立てしたりする仕事です。その経験から、身だしなみに関する執筆や講演のご依頼も多くいただきます。誌上では、多くの士業の方をスタイリングした経験から、中小企業診断士の皆さんに役立つ身だしなみテクニックをお伝えするコラムを連載しており、これが先の幹事役とのご縁をつないでくれたのです。

講演会は、二〇一〇年が明けて早々に、開催されました。私は、ファッション業界の話から、ビジネスの身だしなみマナー、自身の起業の話に至るまで、幅広くお話ししました。

こうした講演会のお話をいただくことは、決して珍しくはありません。しかし、この会での講演会は、以下のような理由から、いつにもまして印象深いものとなりました。

まず私は、会の皆さんの意識が非常に高いことに驚かされました。講演内容が「身だしなみ」ですから、興味のない人に自身の問題として考えていただくことは、非常に難しいものです（それゆえ、問題に気づいてもらえるよう、毎回四苦八苦するのですが…）。しかしこの会では、それぞれの直近の予定や通常業務と照らし合わせたうえで、具体的な質問がいくつも飛び出しました。これは、常にどんな分野でも向上しようという高い意識の表れでしょう。

また、身だしなみ以外にも、ファッション業界の今後や私が経営する会社の事業内容に至るまで、質問の内容は多岐にわたり、その関心の幅の広さや探求心の強さは、「さすが、中小企業診断士の皆さん！」と大いに刺激をいただきました。

そして、皆さんがそれぞれ非常に個性的なことも、強く印象に残りました。私も会社を興すまでは、企業勤めをしていましたが、そのときの経験から、「同じ会社の社員は皆、どことなく雰囲気や発言が似ている」という先入観があったのです。しかし、この会の皆さんは、とても同じ企業にいるとは思えないほど、それぞれがまったく違うキャラクターをお持ちでした。にもかかわらず、なぜか、とてもうまくまとまっている。そんな個性が育まれる会、ひいてはアサヒビールグループの風土に強く関心を持ち、惹きつけられたのを覚えています。

日本人は特に、自己アピールが苦手です。しかし、いきいきと活躍するビジネスマンは皆、自身の魅力をじょうずに表現し、たくさんのファンを得ながら成功しています。

「どれを買うか」より、「誰から買うか」が重視されつつあるこの時代、自己アピールはビジネスマンにとって、ますます必要不可欠なスキルと言えます。それぞれが個性を持ち、お互いの強みを尊重し合うからこそ生まれるまとまり──そんな同会のような組織こそが、これからの社会をリードしていく存在となるのでしょう。そして私も、皆さんに負けないよう、ファッシヨンという観点から、個性を輝かせる人々を増やすお手伝いに邁進していきたいと思っています。

profile

久野　梨沙〈ひさの　りさ〉

大学在学中に、認知心理学・色彩心理学を研究。卒後、大手アパレルメーカーで商品企画・マーケティングを担当し、手がけた商品の売上総額は年間六十億円に上る。現在はパーソナルスタイリスト、セミナー講師、ファッションライターとして活動中。豊富なアパレル情報と心理学の知識を活かし、その人の内面の魅力を引き出すパーソナルスタイリングに定評がある。

あとがき——素晴らしい出会いに、感謝！

アグリ事業開発部　大西隆宏

「本、出しませんか？」

二〇一〇年一月。それは、アサヒビール本社ビル隣の直営ビアレストラン「フラムドール」でスーパードライを一杯、飲み干した直後のことだった。いつも前向きな提案をくれる同友館・楢崎氏が、私にささやいた。

その日、アサヒビールグループ診断士の会では、新春特別企画と銘打ち、パーソナルスタイリスト・久野梨沙氏の講演会が開かれていた。そして、彼もいわば企画の仲人役として、講演・懇親会に参加していた。

久野氏の人柄と話力もあって、期待以上の盛り上がりをみせた当企画。達成感と安堵感、さらにビールの勢いもあって私は、「ええ、ぜひやりましょう！」と即答してしまった。

しかしながら、「ん？　待てよ…。本!?　そんなネタあるかよ…」と一瞬、冷静さを取り戻す私。すかさず楢崎氏は、「こんなユニークな集団、ほかにありませんよ。皆さんの活動すべてが、価値あるものですって！」とその背中を押した。

「来るものは拒まず」で、楽観主義の私だが、さすがに不安になり、周囲のメンバーに聞いてみた。

「俺たちの本、出せるかな？」

「いいねー、やろうぜ！」

うわっ、相変わらずの超前向き集団だ…。これなら、何とかなる。そうだ、合言葉は、「まずは、やってみよう」だったよな。

こうして、書籍出版プロジェクトが始まった。


果たして、出てきた原稿は…。

とにかく、「面白い！」、「熱い！」、「こいつ、こんなこと考えてたんだ…」。気づくと、鳥肌が立っていた。だが、私たちの執筆のみでは、単なる自己満足になってしまう。そうだ、会に関係した方々に、ゲストメッセージをお願いしてみよう。

社内外のさまざまな顔が浮かんだ。「ダメもとでいいから、手分けしてお願いしてみよう」。

結果、メッセージをお願いした全員が、それぞれ多忙なスケジュールを抱えているにもかかわらず、イヤな顔一つせずに（私たちが気づかなかっただけかもしれないが）快諾してくれた。

さらに、私が荻田会長にインタビューをお願いに行った際、すれ違った役員からは、「何か手伝おうか？　俺は書かなくていいの？」という言葉までもらった。「何て素晴らしい会社なんだ…」と、改めて風通しのよい社風に感激したものである。

このように、多くの方々にご協力いただき、本書は完成した。笑いあり、涙あり、感動ありのドキュメンタリーだ。ここには、メンバーの魂がぎっしり詰まっている。ふだんは口に出せないことも、あえて活字にした。「読み応えはあるはず」と自負している。

本書が、企業内診断士の皆さんが資格をもっと有効に活用するうえでその一助となれば、光栄である。そして、「何か」を感じとってもらえれば、これ以上の幸せはない。

現代は、インターネット中心の顔のみえないやりとりが多く、何かと世知辛い世の中である。だが、まだまだ人間、捨てたものではない。そして、人との出会いは本当に素晴らしい。この半年間を振り返って、私はつくづくそう思う。

ちなみに、この原稿を書いているのは、アサヒビール葉山研修センターの研修ルーム。ちょうど今、人事部主催の「自己研鑽促進セミナー　中小企業診断士編」が行われている。講師役は、会のメンバー十二名だ。私はと言えば、後方の講師席でえらそうにパソコンを開いている。ふと顔を上げると、二年前の研修時には受講生だった齋藤宏樹が、講師として研修を仕切っている。

「診断士の会、まだまだ行けるな」。そう確信した。

発足して三年目、まだまだひよっこの「アサヒビールグループ診断士の会」だが、ダイレクトなコミュニケーションを大事にする社内で今後、もっと多くの仲間と「感動をわかちあって」いきたい。また、他企業の診断士グループとも、前向きな取組みができるようになれば、なおのこと嬉しい。

最後に僭越ながら、言い出しっぺの一人である私からのご挨拶で締めくくりたい。

「いつも、アサヒビールグループ診断士の会を温かく見守っていただき、またご支援いただき、誠にありがとうございます。今後とも引き続き、ご指導・ご鞭撻のほど、何卒よろしくお願い申し上げます」

アサヒビール葉山研修センターにて
青い空と、碧い海をみながら

二〇一〇年初夏

2010年8月24日　第1刷発行

職業、企業内診断士

アサヒビールグループ診断士の会の挑戦

発行者　脇　坂　康　弘

〒113-0033　東京都文京区本郷6-16-2

発行所　株式会社同友館

TEL. 03（3813）3966

FAX. 03（3818）2774

URL　http://www.doyukan.co.jp/

乱丁・落丁はお取替えいたします。

三美印刷

ISBN 978-4-496-04709-1

Printed in Japan